Bernd Brunner

Von der Kunst, die Früchte zu zähmen

Eine Kulturgeschichte des Obstgartens

Bernd Brunner

VON DER KUNST, DIE FRÜCHTE ZU ZÄHMEN

EINE KULTURGESCHICHTE DES OBSTGARTENS

KNESEBECK *Stories*

INHALT

WIE DIE IDEE FÜR DIESES BUCH ENTSTAND

»Wenn der Mensch umzieht, nimmt er nicht nur seine Vögel, Vierbeiner, Insekten, Gemüse und sein Schwert mit, sondern auch seinen Obstgarten«, schrieb der amerikanische Schriftsteller Henry David Thoreau einmal. Der Obstbau verband und verbindet Regionen und Kontinente miteinander. Dieses Buch gibt einen Überblick über die verschiedenen Arten von Obstgärten, die es im Laufe der Geschichte gegeben hat, und die Prinzipien, denen sie unterlagen. Denn sie formten sich aus den Bedingungen der jeweiligen Zeit und dabei oft auch im Wechselspiel mit wildwachsenden Bäumen in ihrer Umgebung. Wann immer es die verfügbaren Informationen erlauben, werde ich versuchen, ein Bild von dem Leben und der Arbeit, die sich in diesen Gärten abgespielt haben, zu vermitteln.

Häufig werden Gärten, in denen Bäume wachsen, in solche unterteilt, die einen ornamentalen, ästhetischen Zweck erfüllen, und andere, in denen es darum geht, etwas ernten zu können. Demnach wären die ornamentalen Gärten eine Kunst, die anderen, in denen schöne Früchte unter dem Laub hervorleuchten, aber vorwiegend Handwerk. Ist das wirklich so? Warum sollte ein Obstgarten, der nicht gerade im industriellen Maßstab bewirtschaftet wird, nicht auch schön sein?

Wie wir in diesem Buch sehen werden, gab es Gärten, die diese strenge Aufteilung unterliefen. Es existieren viele Möglichkeiten, den Raum bewusst zu gestalten, mit Licht und Schatten, der Schaffung bestimmter Wege, die sich dem Spaziergänger anbieten,

Als Pieter Hermansz Verelst im 17. Jahrhundert diese junge Dame malte, präsentierte man sich gerne mit Früchten.

Sitzgelegenheiten, vielleicht einer kleinen Hütte, die bei überraschend einsetzendem Regen Schutz bietet, oder einer Schaukel. Bei alldem sind sie eine vergängliche Angelegenheit: Sobald die Besitzer der Obstgärten weggezogen waren und sich niemand mehr dafür verantwortlich fühlte, wurden sie bald von anderen Pflanzen überwuchert, und früher oder später waren ihre Spuren verschwunden. Aber selbst wenn sie heute auf keiner Landkarte mehr verzeichnet sind, hat es sie gegeben. Sie haben eine Geschichte.

Warum Obstgärten nicht als Bühne verstehen, auf der jeweils ein bestimmtes Verhältnis von Obstbäumen und Gärtnern in Szene gesetzt wird? So verstanden, laden sie uns ein, dem Spektakel des Werden und Gedeihens der Früchte in Gesellschaft von Tieren, Menschen und anderen Pflanzen beizuwohnen.

***

Den Stein für dieses Buch brachte ein französischer Text ins Rollen, den ich vor einigen Jahren in einem Fachbuch über Obstkultivierung in der Geschichte entdeckte. Darin ging es unter anderem um den archäologischen Fundort Gesher Benot Ya'aqov (»Brücke der Tochter Jakobs«) im nördlichen Jordantal. Dort waren neben diversen anderen organischen Überresten und aus Stein gemeißelten Werkzeugen auch solche von mindestens vier Fruchtarten identifiziert worden, auch wenn das nicht gerade die Art von »Früchten« sind, die wir heute üblicherweise mit diesem Begriff in Verbindung bringen: Es handelte sich nämlich um die Atlantische Pistazie, die Palästina-Eichel, die Mandel und die Wasserkastanie. Es war ein Beleg dafür, dass wilde Früchte lange vor einem gezielten Anbau gesammelt worden sind. Das Alter dieser Fruchtreste wurde auf etwa 300 000 Jahre bestimmt. Ich musste diese Zahl mehrfach lesen, so unglaublich kam sie mir vor. Wir bewegen uns damit im Paläolithikum, also ungefähr 100 000 Jahre bevor *Homo sapiens* vermutlich aus den afrikanischen Savannen kam. Das war eine Zeit, als sich

Avocado oder, wie sie früher genannt wurde, »Alligatorbirne« (frühes 19. Jh.)

mitten durch Europa und Nordamerika noch eine Permafrostlinie zog. Und neueren Untersuchungen zufolge könnten die Überreste sogar noch viel älter sein.

Ein Blick auf die Landkarte bestätigte mein vages Gefühl. Denn wie es der Zufall so wollte, war mir die weitere Umgebung von Gesher Benot Ya'aqov aus eigener Anschauung bekannt: Mitte der achtziger Jahre hatte es mich in die Nähe des See Genezareth im Norden Israels verschlagen. Im oberhalb des Sees gelegenen Kibbuz Ami'ad (was »mein Volk, für immer« bedeutet), der nur wenige Kilometer vom Jordan und auch von den Golanhöhen entfernt ist, hatte ich damals ein paar Wochen verbracht. Der archäologische Fundort Gesher Benot Ya'aqov liegt nur etwas mehr als zehn Kilometer von Ami'ad entfernt.

In Ami'ad wurden (und werden) Früchte tragende Bäume angebaut, die ursprünglich gar nicht in dieser Region zu Hause waren, aber Umweltbedingungen vorfinden, die sich für sie eignen. Die birnenförmigen, überaus fettreichen, nahrhaften Früchte haben ihren Ursprung in den Wäldern Mexikos, von wo aus sie von großen, inzwischen ausgerotteten Riesenfaultieren bis nach Brasilien verbreitet wurden (heute hat die Avocado keine natürlichen Fruchtausbreiter mehr). Archäologische Untersuchungen belegen, dass sie schon 6000 Jahre vor unserer Zeit von Menschen verwendet wurden, gezielt angebaut wurden sie dann etwa ab einem Jahrtausend später. Im englischsprachigen Raum wurde die Avocado wegen ihrer Haut, die an die eines Reptils erinnert, zunächst *alligator pear* genannt.

Direkt am See Genezareth gab es zudem noch eine Bananenplantage. Ich wurde damals für die Avocadoernte in der unmittelbaren Nähe des Kibbuz eingeteilt. Die Plantage aus Avocadobäumen, ein paar hundert waren es mindestens, befand sich etwas außerhalb der Siedlung von Ami'ad. Dort standen die um die zwei Meter hoch wachsenden Bäume mit ihren weit ausladenden Zweigen in Reih und Glied, in einer Entfernung von wenigen Metern zueinander. Die meisten Früchte waren nur mithilfe eines Pflückers erreichbar. Hier und da musste man auf die Äste steigen. Wir kämpften uns durch das dichte, dunkelgrüne Blattwerk der krumm und schief gewachsenen Bäume, um die noch steinharten Früchte von den Zweigen zu lösen beziehungsweise zu drehen. Das grüngelbe, buttrige Fleisch reifer Avocados gab es immer zum Abendbrot. Man aß es sich bald über, die Kalorien machten sich bemerkbar, das Problem war, dass es nicht so besonders viel Auswahl an Nahrungsmitteln gab. Dieses plötzliche Überangebot an reifen Früchten ist ein Problem, dem sich Menschen immer wieder gestellt haben, wenn sie die Früchte nicht einfach verderben lassen wollten.

Die Hinweise in dem zuvor erwähnten französischen Aufsatz verstand ich als Zeichen, der Sache genauer nachzugehen. Mich faszinierte der Gedanke, dass diese von frühen Menschen gesammelten Fruchtreste so ein erstaunlich hohes Alter haben sollten. Obwohl wir nicht genau wissen können, welche Gruppe früher Hominiden diese Überreste hinterlassen hat – *Homo erectus, Homo heidelbergensis* oder unmittelbare Vorläufer der Neandertaler –, belegen sie, dass bereits unsere frühen Vorfahren Früchte gesammelt und verarbeitet haben.

Vor 300 000 Jahren war die Levante, das Gebiet des östlichen Mittelmeerraums, voller Steineichen, Mandel- und Pistanzienbäume, und es tummelte sich dort eine reiche Fauna. Welche Bedeutung diese Früchte für *Homo erectus* bzw. *heidelbergensis* hatten und welcher Anteil ihnen an der Gesamternährung, innerhalb des Spektrums von fleischlicher und Pflanzenkost, zukam – darüber können diese Spuren freilich nichts verraten.

Ich habe mich auf die Spuren der Obstgärten begeben, weil ich besser verstehen wollte, wie sich das Verhältnis von Obstbäumen und Menschen entwickelt hat. Sicher ist, dass sich beide dadurch verändert haben: der Mensch, dessen Leben und Speisezettel durch den Konsum von schmackhaften Früchten bereichert wurde. Und die Pflanze in ihrem Aufbau und ihrem Vermögen, solche vom Menschen gewünschten Früchte hervorzubringen, deren Eigenschaften sie für ihn immer attraktiver machen. Und es verbindet sich noch mehr damit; es sind nicht nur die Früchte und Bäume an sich, es ist auch das Stück Land, auf dem sie wachsen und wo Menschen gepflanzt, gewässert, geerntet, sich unterhalten und vergnügt haben. Nach allem, was wir über die Anfänge vermuten können, dürfte der Anbau von Obstbäumen häufig durch einen festen Wohnsitz in der Nähe bedingt gewesen sein. Als Gärten eingehegt und gesichert, verkörperten sie einen Teil des Landeigentums einer bestimmten Sippe oder Familie. Wo immer die geliebten Bäume und Büsche auch wuchsen, entwickelten die Menschen die jeweils geeignetesten Techniken für die Ernte: Sie wurden mit den Händen vom Baum gepflückt, aus dem Buchschwerk gekämmt (Beeren), von den Bäumen geschüttelt (Äpfel, Kirschen, Pflaumen) oder sogar regelrecht geschlagen (Nüsse und Oliven), bevor sie frisch gegessen oder auf die eine oder andere Weise weiterverarbeitet und haltbar gemacht wurden.

Sicher ist, dass Obstgärten die Art von Gärten sind, deren Existenz am weitesten in die Vergangenheit zurückreicht, denn das kulinarische, sogar existenzielle Interesse geht dem rein ästhetischen voraus. Früchte und die Gärten mit Bäumen, an denen sie wachsen, tragen mindestens so viel Kultur wie Natur in sich – sie sind nicht nur an Baum oder Strauch gewachsen, sondern auch historisch. Der Vergleich mit der Domestizierung von Hund, Rind oder Huhn scheint mir durchaus berechtigt.

Michel Pollan war es, der die Theorie formulierte, dass Menschen mit der Kultivierung nicht nur die Pflanzen verändert haben, sondern die Pflanzen – so als wären sie verständige Wesen – uns auch etwas gegeben haben. Ein weiterer Aspekt kommt noch hinzu, wie der ägyptische Botaniker Ahmad Hegazy und sein Kollege, der Brite Jon Lovett-Doust, schreiben:

> Was Pflanzen angeht, so sind wir nur eine von Tausenden Tierarten, die mehr oder weniger unbewusst Pflanzen »domestizieren«. In diesem ko-evolutionären Reigen müssen Pflanzen (das haben sie mit allen Tierarten einschließlich des Menschen gemeinsam) ihre Nachkommenschaft in Gebieten verbreiten, in denen sie gedeihen, und auf diese Weise ihre Gene weitergeben. Im evolutionären Spiel der Nutzpflanzen- und Ziergarten-Arten, hat der Mensch Pflanzen durch Selektion anhand bestimmter gewünschter Eigenschaften gezüchtet – darunter Größe, Süße, Farbe, Duft, Fleischigkeit, Ölgehalt, Ballaststoffgehalt und Wirkstoffkonzentration.

In *Über die Entstehung der Arten* beschreibt Charles Darwin einen Mechanismus, der gleichsam »unbewusst« von Generationen früherer Gärtner zur Anwendung kam: »Sie bestand nur darin, daß sie die jederzeit beste Varietät wieder aussäeten und, wenn dann zufällig eine neue, etwas bessere Abänderung zum Vorschein kam, nun diese zur Nachzucht wählten usw.«

Die Ergebnisse sind Kunstwerke, die quasi in gemeinsamer Anstrengung von zahllosen, im Dunkel der Geschichte bleibenden Menschen in vergessenen Obstgärten geschaffen worden sind, immer im Zusammenwirken mit den Kräften der Natur, in einer Allianz. Früchte sind, so verstanden, großzügige Angebote der Bäume – an alle möglichen Tiere, denn sie haben ebenso an der Auswahl der besonders nützlichen oder gefälligen Früchte mitgewirkt und so ihren Wert verbessert, aber auch an uns Menschen.

DIE ZEIT VOR DEN OBSTGÄRTEN

Vor Millionen von Jahren, als sich die Kontinente allmählich zu der heute bestehenden Formation fügten, waren große Teile der nördlichen Hemisphäre noch mit Eis bedeckt und viele Regionen, die in unserer Zeit Teil der gemäßigten Klimazonen sind, hatten den Charakter von Tundren. Zu dieser Zeit wuchsen in der Landschaft viele Pflanzen der Rosenfamilie, kleine Cranberrys, Erd-, Him- und Blaubeeren – Verwandte der Frucht- und Nussbäume, die später in den dann gemäßigten Zonen des Nordens wachsen würden: Äpfel, Birnen, Quitten, Pflaumen, Kirschen und Mandeln. Während der kurzen Sommer haben diese Wildfrüchte für alle Tiere eine beliebte Zusatznahrung dargestellt – von den Insekten und Reptilien angefangen, über die Vögel bis hin zu den größten Säugetieren.

Die Frucht, vor allem die aromatische, wohlriechende, in vielen Fällen saftige und mehr oder weniger süße Umhüllung der Samen, das Fruchtfleisch, verkörpert zunächst den Trick, Tiere anzulocken, damit diese die Samen an einen anderen Ort verbringen, wo dieser gut gedeihen und sich die Pflanze weiter verbreiten kann.

Und bevor frühe Menschen in Erscheinung traten und begannen, Tiere in den Tundren und Wäldern zu jagen, vollzog sich bei den fruchtbringenden Pflanzen mit Hilfe der Tiere eine natürliche Selektion. Zum Beispiel mögen Vögel süße Beeren lieber als saure,

Ein saure Äpfel tragender Baum aus dem »Tacuinum Sanitatis« (spätes 14. Jh.)

harte und grüne, sodass sie im Laufe der Zeit eher die Samenkörner vollreifer Früchte verbreitet haben, die sich dann verlässlich zu jungen Pflanzen entwickeln.

Vor wenigen Jahren haben Anthropologen der New York University die interessante These formuliert, dass Früchte für die Evolution eine viel wichtigere Rolle gespielt haben, als man das bisher angenommen hatte. Der an der Studie beteiligten Primatologin Alexandra DeCasien zufolge haben Primaten, deren Nahrung zumindest teilweise aus Früchten besteht, ein deutlich größeres Gehirn als Tiere, die nur Blätter verzehren. Das lässt sich den Untersuchungen der Wissenschaftler zufolge auch darauf zurückführen, dass sie mehr suchen und sich im Wald gut auskennen müssen, also stärker auf ihre kognitiven Fähigkeiten angewiesen sind. Diejenigen Tiere, die zumindest teilweise Früchte anstelle von Blättern fressen, haben bei demselben Körpergewicht ein etwa um ein Viertel schwereres Gehirn. Schon früher hatten Wissenschaftler um den Anthropologen Nathaniel Dominy vom Dartmouth College herausgefunden, dass Schimpansen offenbar auch per Druck mit den Fingerspitzen überprüfen, ob eine Frucht reif ist oder nicht.

Parallel zu der Suche nach Früchten könnte das Wissen darüber, wo sie zu finden sind, wann diese reif sind und wie sie am besten von ihrer manchmal harten Schale zu befreien sind, zu mehr Gehirnleistung beigetragen haben. Aktivität und kognitive Fähigkeiten der Affen sind viel stärker gefordert, als das bei Tieren der Fall ist, die sich zum Beispiel nur von Gräsern ernähren. Bis diese Zusammenhänge verstanden wurden, wurde vor allem soziale Interaktion als Grund für die Entwicklung des Gehirns angesehen.

Auch Affen mögen Früchte (1857)

Ein Kirschbaum aus dem aus dem »Tacuinum Sanitatis« (spätes 14. Jh.)

Botaniker verwenden viel Zeit und Gedanken darauf zu bestimmen, was eigentlich eine Frucht ausmacht. Mein Vorschlag ist es, sie aus der Sicht des Verbrauchers, ja Genießers zu definieren: Danach handelt es sich bei Früchten um Pflanzenteile, die an Bäumen, Sträuchern, Stauden oder kleinen Büschen wachsen und im Laufe der Geschichte eine wichtige Bedeutung für die menschliche Ernährung gewonnen haben. Der Prototyp der fleischigen Frucht mit Kern bzw. Stein ist Kirsche, Pflaume und Olive. Dann gibt es Früchte mit sehr kleinen, nicht steinharten Kernen wie Äpfel, Birnen und Weintrauben und kleine weiche Früchte wie Erd- und Johannisbeeren. Feigen unterscheiden sich davon grundlegend – sie bilden sich aus einem kleinen Bündel von quasi umgedrehten Blüten.

Eine Auswahl von Zitrusfrüchten: (von links nach rechts) Zedrat-Zitrone, kleine chinesische Orange, süße Orange, Zitrone (1868)

Früchte enthalten Mineralstoffe und Vitamine, Enzyme und andere Stoffe, die für die Vorgänge im Organismus unverzichtbar sind. Nicht zuletzt verbindet sich mit Früchten ein praktischer Grund: Viele von ihnen sind wertvolle Vitamin-C-Lieferanten. Menschen gehören zu den sogenannten Trockennasenprimaten, zu denen auch die Affen, Menschenaffen und Koboldmakis gehören, und zählen neben Fledermäusen, Capybaras (Wasserschweinen) und Meerschweinchen zu den wenigen Wirbeltieren, die auf die Zufuhr von Vitamin C angewiesen sind, weil ihr Körper diese Substanz nicht selbst herstellen kann. Auch wenn Ascorbinsäure gerade einmal seit einhundert Jahren bekannt ist, wusste man schon lange über die gesundheitlichen Vorzüge des regelmäßigen Genusses von Früchten: Die alte Redensart »An apple a day, keeps the doctor away« bestätigt dieses intuitive Wissen – Wissenschaftler haben allerdings inzwischen herausgefunden, dass es schon zwei Äpfel pro Tag sein müssen, um nur den Cholesterinwert im Blut signifikant zu senken. Allerdings empfiehlt sich auch bei Obst nur der Genuss in Maßen, denn Fruchtzucker ist eben auch Zucker mit allen mit dem Verzehr einhergehenden Problemen – etwa die Gefahr von Übergewicht und Fettleber. Auch Carotinoide werden übrigens nur von Pflanzen produziert – sie zeigen sich bei einigen Vögeln in deren oranger Färbung.

Aber es ist nicht nur ihr hoher Nährwert, der Früchte für uns begehrenswert macht. Die meisten erregen schon von ihrer schönen Farbe und bemerkenswerten Form her unsere Aufmerksamkeit. Welchen Eindruck eine Frucht auf den Verzehrenden macht, ist freilich eine sehr komplexe Angelegenheit. Ihr Duft oder Geruch, der süße, saure oder bittere Geschmack, die Beschaffenheit des Fruchtfleisches, der Wasseranteil, der sie entweder trocken oder saftig sein lässt, all das verdichtet sich zu einem Geschmackseindruck, der Menschen immer wieder nach ihr greifen lässt (oder auch nicht). Früh haben unsere Vorfahren gelernt, welche Pflanzenteile schmackhaft sind, welche sie nicht vertragen können oder sogar

giftig sind. Der große Vorteil war, dass man an Pflanzen, Früchte, Wurzeln und Samen am einfachsten gelangte. Beerenfrüchte etwa konnten nicht nur leicht von Hand eingesammelt werden, sondern mussten vor dem Verzehr nicht weiter behandelt oder zubereitet werden. Der große Vorteil von Früchten ist, dass sie häufig in rohem Zustand genossen werden können. Bei der Auswahl geeigneter Früchte lieferte den frühen Menschen die Färbung einen verlässlichen Anhaltspunkt – ein Vorteil, den sie übrigens im Vergleich zu den meisten anderen Säugetieren haben, die Grün und Rot eben nicht unterscheiden können.

So klein die Früchte anfänglich waren, gab es mit ihnen doch einen Grund, bei einem ansonsten vielleicht überschaubaren oder wenig abwechslungsreichen Nahrungsangebot immer wieder zu diesen Bäumen und Sträuchern zurückzukehren, die ihnen etwas gaben, für das sie nicht jagen mussten und das ihnen zu etwas Abwechslung auf dem Speiseplan verhalf. Die Menschen gingen häufiger zu den Bäumen, deren Früchte ihnen besonders gut schmeckten, die ihnen von ihrem Verhältnis von Zucker und Säure besonders zusagten. Sie könnten die damals noch nicht so deutlich entwickelte Süße der Früchte als besonders prägnant wahrgenommen haben, weil ihre Nahrung ansonsten arm an Zucker war – das war natürlich lange bevor man auf die Idee kam, »Süßigkeiten« herzustellen.

An einem bestimmten Punkt dürften sie dann auf die Idee gekommen sein, die Samen in ihrer Umgebung bewusst in die Erde zu setzen – soweit das nicht schon über ihre Abfälle und Exkremente erfolgt war. Diese frühen »Obstgärten« – auch wenn sie nur eine Handvoll von Bäumen und Sträuchern gewesen sein mögen – befanden sich also in der Nähe ihrer Siedlungen, und noch später innerhalb des Landes, das für Sippen oder Familien aufgeteilt worden war. Möglicherweise hat sich der Übergang zur Kultivierung aber

Reife Feigen und Blätter (18. Jh.)

parallel auch dort vollzogen, wo sich die Bäume schon auf natürliche Weise angesiedelt hatten: in Flusstälern und Oasen. Durch kontinuierliche Auslese neu entstandener Formen aus Wildbeständen, die in den Wäldern heimisch waren oder am Rande der Siedlungen gezogen wurden, entwickelten sich allmählich die Vorläufer unserer Obstgärten und Obstsorten.

Der Ursprung der meisten unserer nicht in den Tropen gewachsenen Kulturobstarten befindet sich in Gebieten, die eine besondere Vielfalt an Früchten bieten, die ihrerseits eine Vielzahl von Erbanlagen aufweisen. Der russische Botaniker Nikolai Walilow (1887–1943) vertrat die These, die Heimat einer Pflanze liege dort, wo ihre stärkste Vielfalt beobachtet werden kann. Denn dort sei es innerhalb einer Wildobstart zu unendlich vielen Kreuzungen gekommen – wohlgemerkt ohne dass ein Obstgärtner oder Züchter jemals seine Hände dabei im Spiel hatte. Die Gene wurden neu kombiniert, und die daraus hervorgehenden Pflanzen und Früchte sahen immer wieder ein wenig anders aus. Hybriden sind in diesem Zusammenhang besonders interessant, denn sie neigen zu starkem Größenwachstum und wurden von Tieren bevorzugt. Die Genzentren liegen überwiegend im klimatisch mediterranen bzw. subtropischen Bereich: im Mittelmeerraum bzw. Nahen Osten, Südwestasien bis Zentralasien, Vorderindien und Ostasien. Aber nicht nur: Auch große Teile Afrikas, Südamerikas und Australiens zählen dazu.

Israelische Archäobotaniker haben 2006 mit der Veröffentlichung einer Studie für erhebliches Aufsehen gesorgt. Im Unteren Jordantal fanden sie sechs kleine Feigen, von denen sie vermuten, dass sie schon kultiviert gewesen sind, also gezielt Ableger gesetzt wurden. Das Alter dieser Überreste bezifferten sie auf 11 200 bis 11 400 Jahre, und damit sind sie etwa 5000 Jahre älter als man die früheste Fruchtkultivierung bis dahin angesetzt hatte, gingen damit sogar dem Anbau von Weizen und Gerste voraus und stellten die gewohnte Reihenfolge (erst Getreide, dann Früchte) zumindest in diesem dokumentierten Fall auf den Kopf. Darüber, welcher Logik die Anlage dieser Feigenbäume folgte und wie mögliche Gärten ausgesehen haben, verraten die Ausgrabungen allerdings nichts.

Gerne würde ich Ihnen an dieser Stelle den historisch verbürgten *allerersten* Obstgarten präsentieren, mit schönen Bäumen und wohlschmeckenden Früchten, sowie den Menschen und Tieren, die mit ihm lebten. Obwohl das leider nicht möglich ist, gibt es gewisse Anhaltspunkte dafür, wie es abgelaufen sein kann.

War es die Olive, die Dattel, die Feige oder der Granatapfel, der Menschen zuerst dazu veranlasste, die entsprechenden Bäume in Gruppen anzubauen? Das Hauptproblem ist, dass bei all den karbonisierten Überresten in der Regel nicht festzustellen ist, ob es sich um wild wachsende oder kultivierte Pflanzen gehandelt hat. Und das ist selbst dann der Fall, wenn ihr Alter relativ präzise festgestellt werden kann. So wichtig der erste Schritt zur Kultivierung eines Obstes ist, so minimal waren die ersten Veränderungen, die

Granatapfelernte im Iran

sich dadurch in Baum und Frucht manifestierten. Die Wandlung von der wilden zu einer kultivierten Pflanze erstreckte sich über eine große Zeitspanne, und Veränderungen zeigten sich eben nur sehr langsam.

Dennoch gibt es ein verlässliches Kriterium: Bei Überresten, die deutlich außerhalb des typischen Verbreitungsgebiets der betreffenden Pflanze gefunden wurden, lässt sich der Schluss ziehen, dass sie gezielt angebaut und mit Wasser versorgt wurden, das sie auf natürlichem Wege nicht bekommen hätten. Das gilt zum Beispiel für die Olivenkerne und Olivenholzreste, die unmittelbar nördlich des Toten Meeres gefunden wurden.

Die nachgewiesene menschliche Nutzung wilder Olivenbäume lässt sich bis ins Epipaläolithikum zurückdatieren, die Übergangszeit von Alt- zu Jungsteinzeit (15 000 bis 10 000 v. Chr.), und zwar in Palästina. Lange gab es weitgehenden Konsens unter Archäobotanikern, dass die früheste Kultivierung rund 6000 Jahre zurückliegt und nördlich des Toten Meeres und südlich des See Genezareth, im Jordangraben, zu verorten ist. Inzwischen haben aber neuere Untersuchungen mit verbesserten Analysemethoden ergeben, dass der Anbau von Olivenbäumen bereits früh in weiten Teilen der Mittelmeerregion erfolgte – als *hotspots* gelten neben dem Nahen Osten (einschließlich Zypern) die Umgebung der Ägäis und die Straße von Gibraltar. Diese ursprünglichen wilden Genpools bilden das entscheidende Fundament für die Kultivierung und Zucht der Olive.

Kann man den Ort, wo die Wiege der Kultivierung der Olive liegt, vielleicht doch noch etwas genauer eingrenzen? In der Region des mittleren Euphrattals, dort wo heute die Türkei an Syrien grenzt, wurden der Bronzezeit zugeordnetes Olivenholz und Kernreste von kultivierten Bäumen gefunden. Die Bibel, die viele Bezüge zum Olivenbaum und dem Öl hat, zeigt, wie wichtig diese Früchte für den ganzen Nahostraum gewesen sind. Hier im Alten Testament, aus Psalm 128:

Wie ein fruchtbarer Weinstock ist deine Frau
drinnen in deinem Haus.
Wie junge Ölbäume sind deine Kinder
rings um deinen Tisch.

Das Öl wurde als Salbungsmittel, als Brennstoff für Lampen sowie als Lösungsmittel von Duftstoffen für Parfüms und Kosmetika verwendet. Verwaiste Ölpressen, manchmal nur Fragmente, werden heute noch in verwildertem Gelände gefunden. Der Olivenbaum hat den großen Vorteil, dass er in seinen Ansprüchen an die Bodenqualität relativ bescheiden ist. Bis heute gibt es im Nahen Osten ausgedehnte Olivenhaine. Und auch ganz im Westen Europas, im portugiesischen Alentejo, findet man sie noch, die endlosen, sich auf hügeliger, ockerfarbener Erde ausbreitenden Olivenhaine, unterbrochen nur hier und da von versprengten Gehöften, deren Gebäude mit weißer Farbe getüncht sind. Abgesehen von zwitschernden Vögeln, dem regelmäßigen Gesang der Zikaden oder dem Hufschlag eines Maultiers ist in dieser vom Licht durchfluteten Landschaft nichts zu vernehmen. Nur der charakteristische, süße, schwere Geruch von *alpechín*, dem bei der Olivenpressung anfallenden Abwasser, liegt über dem Land.

Olivenbäume sind oft mit einem erstaunlich hohen Alter gesegnet. So schätzt man, dass der knorrige »Oliveira do Mouchão«, der Olivenbaum von Mouchão, 3350 Jahre alt ist. Er steht in Abrantes, in der Mitte Portugals, nur einen Kilometer Luftlinie vom Fluss Tejo und hat am Boden einen Umfang von 11,2 Metern. Olivenbäume mit einem ähnlich hohen Alter hat man aber auch auf Sardinien, in Montenegro und in Griechenland identifiziert. Mort Rosenblum, der Biograf der Olive, behält in jedem Fall recht, wenn er schreibt: »Oliven wurden bereits kultiviert, als noch niemand die Wörter erdachte, um diese Tatsache festzuhalten.«

IM RASCHELN DER PALMENBLÄTTER

Vor knapp einem Jahrhundert vertrat der australisch-britische Archäologe Vere Gordon Childe die sogenannte Oasentheorie. Er ging davon aus, dass sich in den Oasen und Flusstälern der Übergang zur Landwirtschaft abgespielt hat, weil sich Menschen dorthin am Ende des Pleistozäns, in einer Zeit extremer Trockenheit sowie Knappheit an Pflanzen und Tieren, zurückgezogen haben. Ob Menschen in den Oasen auch sesshaft wurden oder nicht, ob es dort dauerhaft bewohnte Unterkünfte gab oder ob der Aufenthalt nur eine Station des weitgehend nomadischen Lebens war, dürfte aber – entgegen Childes These – auch von anderen Faktoren abhängig gewesen sein.

Die Palmen sind die Charakterart einer Pflanzengemeinschaft, in deren Schatten dann auch der eine oder andere Baum oder Strauch wuchs. Vermutlich reichen diese Haine sogar noch weiter zurück als zu den frühen Zivilisationen, die sich in den Regionen des Fruchtbaren Halbmonds entwickelten.

Die Verwandlung in ein blühendes Fruchtland hing von im Laufe der Zeit immer besser ausgeklügelten Methoden ab, das kostbare Nass in trockene Regionen umzuleiten. Oasen konnten nur dort entstehen oder angelegt werden, wo es unterirdische Quellen gab und artesische Brunnen gegraben und angezapft werden konnten. Da das Wasser in diesen unter dem Grundwasserspiegel gelegenen Brunnen unter Überdruck steht, konnte es dann von selbst an die Erdoberfläche

Verdiente Ruhepause unter einer Palme auf den Kanarischen Inseln (ca. 1960)

Eine typische Oase: Palmen, Wasser, Kamele, Beduinen (frühes 20. Jh.)

gelangen. Artesische Brunnen befinden sich in bis zu achtzig Metern Tiefe und ließen sich früher nur mit Spitzhacken erschließen. Ein Korb aus Palmenblättern und ein Seil aus Palmfaser half, den mit Sand oder Erde gefüllten Korb nach oben zu befördern. Insofern verbanden sich damit beachtliche technische Herausforderungen. Neben dem Wassermangel gab es noch das Problem, dass bei der starken Verdunstung des Wassers Salz zurückblieb, das den Pflanzen dann noch zusätzlich Flüssigkeit entzog und diese schädigte.

Die Oasen lagen oft an den alten Handelsrouten und machten die Bewegungen über weite Entfernungen hinweg überhaupt erst möglich – man kann sie sich am besten als Stützpunkte vorstellen, an denen Reisende die Gelegenheit hatten, sich mit frischem Wasser und Früchten zu versorgen. Beispiele sind die Darb-el-Arbain-Kamelroute, die sich von Mittelägypten bis zum Sudan erstreckt, die von Südarabien (dem heutigen Oman und Jemen) zum Mittelmeer führende Weihrauchstraße, die Route vom Niger bis nach Tangier im Norden Marokkos und nicht zuletzt entscheidende Etappen auf der legendären Seidenstraße, die den eurasischen Kontinent durchzieht. Für *homo sapiens*, etwa auf dem Gebiet des heutigen Tansania, am Olduvai Gorge, dürften Oasen in Trockenzeiten eine wichtige Funktion für das Überleben gespielt haben – noch bevor diese frühen Menschen Afrika verließen.

Schattige Palmenhaine boten Nomaden seit je einen willkommenen Rastplatz. Die Dattelpalme spielte für die Menschen im Alten Ägypten, in den weiten Steppen Syriens, in den Wüstengebieten der Arabischen Halbinsel und in Mesopotamien eine wichtige Rolle. Auf den Felsen von Jebel Yatib, in der Region Ha'il in Saudi-Arabien, wurde eine Felsmalerei mit Palmen, Menschen und Tieren entdeckt, die vermutlich während des Bronzezeitalters entstanden ist. Schon im späten Neolithikum gab es mit Palmwedeln verzierte, aus Ton gefertigte Behälter, die auf die Verwendung dieses Baumes hindeuten. Die frühesten, im Niltal gefundenen Mumien waren in Matten eingewickelt, die aus Palmenblättern gefertigt waren.

Der Grünschwanz-Glanzstar mag Datteln (1828)

So sehr sich die 181 Palmengattungen und rund 2600 Arten im Detail auch unterscheiden – sie stimmen darin überein, dass aus einem schlanken Stamm ohne Äste an der Spitze ein Schopf mal kleinerer, mal größerer gefiederter Wedel wächst. Der große Naturforscher Alexander von Humboldt bezeichnete die Palmen in *Ideen zu einer Physiognomik der Pflanzen* (1806) einmal als die höchsten und edelsten aller Pflanzengestalten. Und er merkte weiter dazu an: »Denn ihr haben stets die Völker (und die früheste Menschenbildung war in der asiatischen Palmenwelt, oder in dem Erdstriche, der zunächst an die Palmenwelt gränzt) den Preis der Schönheit zuerkannt. Hohe, schlanke, geringelte, bisweilen stachlige Schäfte mit anstrebendem, glänzendem, bald gefächertem, bald gefiedertem Laube. Die Blätter sind oft grasartig gekräuselt. Der glatte Stamm erreicht bis 180 Fuß Höhe. Die Palmenform nimmt an Pracht und Größe ab, vom Aequator gegen die gemäßigte Zone hin.«

Einer Legende zufolge soll die Dattelpalme zwischen Euphrat und Tigris aus himmlischem Feuer und irdischem Wasser geboren worden sein. So fantastisch diese Vorstellung auch klingen mag, hat sich ihre Entstehung nach allem, was wir heute wissen, doch ganz anders abgespielt. Denn Wissenschaftler gehen heute davon aus, dass ihr Ursprung an der Ostküste der Arabischen Halbinsel zu suchen ist. Diese Theorie bezieht sich auf Keilschriften, die in den Ruinen von Ur, der Hauptstadt der Sumerer, gefunden wurden und in denen die Rede davon ist, dass die Dattelpalme seit weit zurückreichender Zeit angebaut worden ist. Danach haben die Bewohner den Baum mit sich geführt, als sie das mythische, in sumerischen

Keilschrifttexten erwähnte paradiesische Land Dilmun am Persischen Golf (zwischen dem heutigen Kuwait und Qatar, vermutlich die Insel Bahrain) verließen, wo sie eine Hochkultur aufgebaut hatten, und ins Zweistromland gingen.

Die botanische Herkunft der Kultur-Dattelpalme ist nicht bis ins Letzte geklärt, entweder sie stammt von einer wilden Art ab, die nicht mehr existiert, oder sie weist einen Zusammenhang mit wilden Sorten auf, die man bis heute in einem Gebiet gewaltiger Ausdehnung finden kann, und zwar die seltene *Phoenix atlantica* auf den Kapverdischen Inseln, die schlankstämmige *Phoenix reclinata* oder Senegalesische Dattelpalme im tropischen Afrika, auf Madagaskar und im Jemen sowie *Phoenix sylvestris* in Pakistan, Indien und dem weiteren asiatischen Raum. Wichtig ist, dass die 14 Arten der Gattung *Phoenix* untereinander fruchtbar sind, sie unterscheiden sich im Wesentlichen nur durch ihre geografische Verteilung.

Auf einen unbekannten Dichter geht die Bezeichnung der Dattelpalme als Königin der Bäume und die der Datteln als Himmelsfrüchte zurück. In Nordafrika und Arabien zählen die Früchte von *Phoenix dactylifera* mit ihrem hohen Gehalt an leichtverdaulichen Zuckern, Proteinen, Mineralsalzen und Vitaminen traditionell zu den wichtigsten Nahrungsmitteln von Mensch und Tier. Ungezählt sind die traditionellen Desserts und Gerichte, für die das Fruchtfleisch der Datteln frisch oder gekocht zubereitet wird. Datteln werden häufig gleich vor Ort in den Oasen bzw. auf den Plantagen in großen Kupferkesseln mit Wasser zu Mus verkocht, das dann eine vielseitige Verwendung als Süßungsmittel findet. Schon der griechische Geograf Strabo wusste, dass sich die Bestandteile der Palme zur Herstellung von Wein, Essig, Honig, Mehl, verschiedenen Fasern und Matten verwenden lassen. Die Kerne finden als Brennmaterial oder auch als Viehfutter Verwendung. Die Stämme waren gerade im holzarmen Süden Mesopotamiens ein überaus begehrtes Gut – ob zur Anfertigung von landwirtschaftlichen Geräten, von Möbeln oder zum Bau von Schiffen für Krieg und Handel.

Ein anonymer Dichter erklärte die Palme zur Königin der Bäume und die Datteln zu Früchten des Himmels (Illustration aus dem Jahre 1821)

Traditionell wurden Palmwedel auch für den Bau von Hütten in den Oasen verwendet, die von den Oasenbauern genutzt wurden. Sie eignen sich dafür in idealer Weise, denn sie schirmen das Sonnenlicht ab, erlauben aber zugleich die Luftzirkulation. Die Häuser in den Oasen konnten aber auch aus Lehm oder Stein errichtet sein, wie meistens diejenigen der Grundherren.

Es gibt ein Sprichwort, das besagt, dass Dattelpalmen am besten dann gedeihen, »wenn sie mit dem Fuß im Wasser und mit dem Kopf in der sengenden Sonne« stehen. Bei ausgewachsenen Exemplaren können die Wurzeln bis ins Grundwasser reichen. Tatsächlich, und man mag das als paradox empfinden, erinnern die Palmenwurzeln an die von Sumpf- oder Wasserpflanzen, und bei allen Unterschieden, unter denen diese verschiedenen Pflanzen gedeihen, haben die faserigen, mattenartigen Wurzelwerke von Palmen und Binsen miteinander gemein, dass sie der Bodenerosion vorbeugen – die eine in sehr trockener Umgebung, die andere in sehr feuchter. Palmen sind einkeimblättrige, krautige Pflanzen, im engeren botanischen Sinne keine Bäume. Erstaunen mag zudem, dass sie bezüglich Wasserqualität recht anspruchslos sind – selbst ein hoher Salzgehalt oder Brackwasser setzt ihnen nicht zu. Dattelpalmen vertragen keine niedrigen Temperaturen, sobald das Thermometer unter sieben Grad Celsius fällt, stellen sie ihr Wachstum ein.

Die Menschen haben offenbar schon sehr früh verstanden, wie sie diese bis zu dreißig Meter in den Himmel wachsenden Bäume optimal vermehren können. In der Natur vollzieht sich die Bestäubung der Blüten durch den Wind, der die Pollenkörner heranträgt, in geringerem Maße spielen dafür auch Insekten eine Rolle. Um die Verbindung zwischen männlichen und weiblichen Blüten, die an verschiedenen Bäumen wachsen, nicht dem Zufall der Luftbewegungen zu überlassen und möglichst viele Blüten zu befruchten, gab es im Palmengarten Spezialisten, denen während der Zeit von Januar bis März die Aufgabe zufiel, in mühevoller Handarbeit die weiblichen Blütenstände mit den vom Baum herausgelösten männlichen Blüten in Verbindung zu bringen. Je gründlicher die Bestäubung erfolgte, desto höher war der Ertrag an Datteln – ein einziger Baum kann bis zu 140 Kilogramm Datteln erbringen. Führt man sich diese Tatsache vor Augen, versteht man, warum sie auch als »das Brot der Wüste« bezeichnet werden. Auf assyrischen Flachreliefs in Mesopotamien, dem Zweistromland von Euphrat und Tigris, wird die künstliche Bestäubung häufiger dargestellt. Schon damals, während der assyrischen Zeit, wurden die Gärtner bzw. Befruchter am Ernteertrag beteiligt: Sie bekamen ein Drittel als Entlohnung und hatten damit ein ureigenes Interesse daran, diese Aufgabe gewissenhaft auszuführen.

Ein Problem ergab sich aus der Tatsache, dass bei der Ernte im Herbst nicht alle Datteln desselben Fruchtstands den gleichen Reifezustand erreicht hatten, was schlecht für die kommerzielle Nutzung

Heiße Quellen in der libyschen Oasenstadt Ghadames (1931)

ist, aber im natürlichen Ablauf den Vorteil hat, dass Früchte über einen längeren Zeitraum gegessen werden können. Nun hatte man aber herausgefunden, dass der Ernteverlust vorbeugend begrenzt werden kann, indem man die Früchte schon vor der eigentlichen Reifung pflückt und im Schatten langsam nachreifen lässt. Ein weiterer Trick, der Natur ein Schnippchen zu schlagen und den Ernteertrag zu erhöhen, bestand darin, dass man gezielt die weiblichen Bäume für die Pflanzungen auswählte, weil man verstanden hatte, dass nur sie Früchte tragen. Überlässt man die Vermehrung dem natürlichen Lauf, wie es zum Beispiel in wilden, unbewirtschafteten Oasen geschieht, entwickeln sich aus heruntergefallenen Früchten bzw. Kernen nach ein paar Jahren junge Palmen, die dann jedoch zur Hälfte männlich sind. Außerdem bleibt die Qualität der Früchte, die an den neuen Palmen wachsen, erfahrungsgemäß hinter denen der Mutterpflanze zurück.

Zwar können aus Dattelkernen neue Pflanzen entstehen, sie benötigen aber in jedem Fall viel Wasser, da sie sonst kaum eine Überlebenschance haben. An einem bestimmten Punkt fand man heraus, dass man diese Probleme umgehen kann, wenn die Schösslinge von der Stammbasis abgetrennt und als Stecklinge eingepflanzt werden. Die ertraglose Zeit konnte durch dieses Verfahren auf vier bis fünf Jahre verkürzt werden. Ausgewachsene Dattelpalmen können längere Trockenzeiten überstehen.

Männliche Zuchtpalmen kultiviert man an anderer Stelle. Ein wichtiger Zweck ist die Erzeugung von Pollen für die Bestäubung, seit langer Zeit werden diesen aber auch positive Wirkungen auf die Fruchtbarkeit sowie diverse Krankheiten zugeschrieben, sodass man sie auf vielen Märkten im arabischen Raum findet.

Bis heute bestimmt die Palme als am höchsten wachsende Pflanze den vertikalen Aufbau der Pflanzengemeinschaft der Oasen. Wegen des schützenden Blattwerks der Krone – ihre Fiederblätter werden bis zu vier Meter lang – ist sie der entscheidende Faktor für das kühlere und feuchtere Mikroklima in den »Etagen« darunter. Je nach

den jeweiligen klimatischen Verhältnissen und den regionalen Verbrauchspräferenzen wachsen unter den Palmen häufig noch andere Fruchtbäume wie Feigen-, Granatapfel-, Brustbeeren-, Orangen-, Aprikosen-, Mango- und Papayabäume. Diese Unterkultur ist intensiver Sonneneinstrahlung, Hitze und Trockenheit gegenüber empfindlicher als die robusten Palmen. Manchmal ranken sich auch Weinreben an diesen Palmen empor, sofern nicht bestimmte Gitter für sie vorgesehen sind. Weiter unten, am Grund der Palmenhaine, gedeihen meist einjährige Pflanzen, die in der einen anderen Form für den Menschen nützlich sind: Das können Gemüse, Gewürze, Getreide, Baumwolle, Tabak oder Cannabis sein. Mit der Kombination der Pflanzen in drei Etagen wird die nutzbare Anbaufläche vergrößert, und der Aufwand für die Bewässerung ist nicht einmal wesentlich erhöht. Diese Stockwerkkulturen sind für den Vorderen Orient und das nördliche

Afrika bis heute charakteristisch. Palmenhaine ohne einen solchen Unterbau, mit denen sich nicht so hohe Ansprüche an den Fruchtertrag verbinden, erfordern keine so intensive Bewirtschaftung. Sie können dann auch von Zeit zu Zeit von Nomaden aufgesucht werden, hauptsächlich zwecks Bestäubung und Ernte.

Im Laufe der Jahrhunderte haben Reisende ihre Erinnerungen an die Palmengärten festgehalten, etwa der Österreicher Amand Freiherr von Schweiger-Lerchenfeld (1846–1910), der im auslaufenden 19. Jahrhundert jene von Bagdad aufsuchte:

> Sie sind von trockenen Mauern umzäunt, deren obere Flucht von Buschwerk und Guirlanden überwuchert erscheint, und zwischen den seichten Bewässerungskanälchen blüht und sproßt eine reiche Vegetation, überschattet von den Kronen süßer Limonenbäume, Orangen, Feigen, über die hoch die stattliche Palme mit ihren reichen Fruchttrauben ragt. Inmitten dieses grünen, erquickenden Elements nun befinden sich kleine Wohnhäuschen, deren kühle Parterreräume während der heißen, unerträglichen Sommertage occupiert werden, während der Abend die Bewohner auf die Terrasse lockt, wo neben den kühlenden Brisen auch die saftigen Früchte, die von den Kronen auf die Plattformen niederpendeln, zu Erquickung laden. Gleich unterhalb der Stadt befinden sich diese Gärten zu beiden Seiten des Tigris.

So blumig Schweiger-Lerchenfelds Beschreibung auch geraten sein mag, vermittelt sie doch eine Vorstellung davon, wie es in den Gärten des Zweistromlands auch schon in weiter zurückliegenden Jahrhunderten ausgesehen haben dürfte.

FRÜHE ZIER-OBSTGÄRTEN

Bei allen Unterschieden, welche die frühen Obstgärten im weiteren Nahen Osten kennzeichneten, kann man zwischen solchen unterscheiden, die mit dem herrschaftlichen Leben in Zusammenhang standen, und anderen, bei denen es vor allem um die effiziente Kultivierung der Bäume für einen möglichst hohen Obstertrag ging. Obstgärten letzterer Art lagen außerhalb von Siedlungen, während die dem ersten Typ zuzurechnenden Obstbäume häufig in große Gärten eingegliedert waren, die auch vielen anderen Zwecken als dem reinen Obstanbau dienten, etwa der Erholung, der Zurschaustellung von Wohlstand und um Aufschluss über den Status des Besitzers zu geben, vor allem was dessen derzeitiges und zukünftiges Verhältnis zu den Göttern betraf. Vorstellungen von den repräsentativen Palastgärten vermitteln gelegentlich Skizzen, Reliefs, sogar Bilder, und auch archäologische Überreste, die sich bis in unsere Zeit erhalten haben. Die meisten Anlagen wurden mit Lehm errichtet und waren dem Verfall damit besonders ausgeliefert. Von den einfacheren Hausgärten sowie den wirtschaftlich betriebenen Obstgärten dagegen, die kaum unter ästhetischen Gesichtspunkten gesehen wurden, gibt es – wenn überhaupt – meistens nur noch Spuren im Wüstensand.

Im Alten Ägypten, von Herodot einmal als »ein Geschenk des Nils« bezeichnet, hing der Pflanzenanbau, wenn man vom Nildelta und den schmalen, grünen Ufergebieten des Stromes, der sich durch das Land zieht, einmal absieht, von Systemen kontinuierlicher Bewässerung ab: Das Wasser des Nils musste umgeleitet und besser auf bis dahin unfruchtbare Gebiete verteilt werden. Da dafür erhebliche

Obstgarten in Dekkan, Indien (ca. 1685)

Ein Bild von der Feigenernte aus dem Grab von Khnumhotep II., Beni Hasan, Ägypten (ca. 1850 v. Chr.)

Mittel notwendig waren, belegte die Fertigstellung eines solchen Systems immer auch den Reichtum der Eigentümer. Und diesen ging es dabei nicht etwa nur um eine gute Reputation im heutigen Sinne. Mit der Anlage der Gärten war die Erwartung verknüpft, sich über die irdische Existenz hinaus behaupten zu können.

Die Gottheiten als Garanten der Fruchtbarkeit im Garten muss man sich noch dazudenken. Sie sorgten der Vorstellung folgend dafür, dass sich der Naturkreislauf fortsetzte. Auf einer thebanischen Wandmalerei der 18. Dynastie (1554 bis 1305 v. Chr.) ist eine Baumgöttin zu sehen, die aus einer Sykomore Früchte des Gartens anbietet.

Sykomoren oder Maulbeerfeigen erreichen eine Höhe von bis zu 15 Metern und können eine Krone mit einem Umfang von bis zu 25 Metern entwickeln. Das Holz wird für Möbel und Gebrauchsgegenstände verwendet. Die feigenähnlichen Früchte, die sich in traubenähnlichen Büscheln am Stamm oder an älteren Ästen entwickeln (der Botaniker versieht dieses Phänomen mit dem schönen Namen »Kauliflorie« – Stammblütigkeit), galten als Delikatesse, auch wenn sie geschmacklich mit den ›echten‹ Feigen nicht mithalten können. Neben den Dattelpalmen und Sykomoren gab es auch Granatapfelbäume, die von Osten nach Ägypten eingeführt worden waren. Nachdem Ägypten zu einem mächtigen Reich aufgestiegen war, kamen viele Einflüsse aus Syrien, Palästina, dem weiteren Mittelmeerraum und auch aus dem Süden hinzu.

Alten Reliefs zufolge wuchsen kleine Haine an einem ausgehobenen Teich und gehörten jeweils zu einem bestimmten Grab. Die Bäume sollten den Verstorbenen mit Flüssigkeit versorgen, ihn mit den Früchten nähren und ihm mit den großen Palmblättern frische Luft zufächeln. Bei festlichen Anlässen wurde die Statue eines Verstorbenen oft in einem Boot über den Teich gezogen, damit er – so die Vorstellung – den Anblick seines Obstgartens genießen konnte.

Dass wir eine relativ gute Vorstellung davon haben, wie diese Gärten ausgesehen haben, verdanken wir auf Papyrus überlieferten Dokumenten wie dem 1250 v. Chr. geschaffenen *Ägyptischen Totenbuch*. Eine Vignette im 58. Kapitel zeigt Ani und seine Frau Thuthu in einem Becken, durch das Wasser läuft. Mit ihren linken Händen halten sie ein Segel, das Symbol der Luft, während sie ihre rechten Hände ins Wasser tauchen, um davon zu trinken. Mit Dattelbüschen behangene Palmen säumen das Becken.

Wir können auch einen Blick auf die Arbeit der Ägyptologen späterer Jahrhunderte werfen, wie die des italienischen Ägyptologen Ippolito Rosellini (1800–1843), der die bis nach Abu Simbel geführte französisch-toskanische Expedition begleitete, Hunderte von Darstellungen auf ägyptischen Monumenten kopierte. Einige zeigen Gartenszenen aus der Vogelperspektive, andere vom Boden aus: zum Beispiel die Traubenernte oder die Feigenernte. Sein wichtigstes Werk, das viele der farbenprächtigen Zeichnungen zusammenfasst, ist *I Monumenti dell'Egitto e della Nubia* (Die Monumente

Ägyptens und Nubiens, 1832–1844). Glaubt man den überlieferten Bildern, waren die Gärten in den Palästen oder in deren Nähe überschaubare, stilisiert wirkende Gartenwelten mit symmetrisch angeordneten Baumreihen, wo sich in der Mitte ein von Zierpflanzen umsäumtes Wasserbecken mit Fischen, Lilien und Vögeln befand. Manchmal sind spärlich bekleidete Menschen auf diesen Bildern zu sehen, die sich in anmutiger Haltung mit den Bäumen beschäftigen oder Früchte ernten.

Diese Palastgärten waren auch Orte, um Göttern Gaben zu spenden oder bestimmte Gegenstände zu widmen, um ihnen Ehre zu erweisen. Man stellte sich vor, dass ein Garten besonders dazu geeignet war, den Gottheiten einen möglichst angenehmen Aufenthalt auf der Erde zu ermöglichen. Die Art, die dort kultiviert wurde, korrespondierte mit einem bestimmten Gott. Im Fall der Weinrebe zum Beispiel war es Osiris. Speziell die Weinlese stand unter dem Patronat der Göttin Renetutet und der löwen- oder widderköpfige Gott Schesemu steht für die Gerätschaften, die für das Keltern des Weins verwendet wurden.

Was den Weinbau in Ägypten angeht, ist bekannt, dass seine Entstehung bis in die vorgeschichtliche Negade-Zeit zurückreicht und dass das nordöstliche Delta und die Oasen besonders für die dort geernteten Trauben bekannt waren. Die Reben wuchsen also auf Anlagen außerhalb der Siedlungen und Paläste. Der Anbau erfolgte über Spaliere; die Reben wurden dabei mithilfe einer geschickten Konstruktion aus horizontal angeordneten Stangen und gegabelten Stäben getragen. Während der Ramessidenzeit (ca. 1292 bis ca. 1070 v. Chr.) sollen die Rebgärten eine so große Ausdehnung besessen haben, dass in einem Garten über hundert Arbeiter beschäftigt sein konnten. Für die Weinherstellung wurden nicht nur Trauben verwendet, sondern auch Feigen, Datteln und Granatäpfel, und in den Texten verschwimmen zuweilen die Grenzen zwischen Wein- und Obstgarten bzw. Palmenhain. Bereits für das Ende des vierten Jahrtausends vor unserer Zeitrechnung lässt sich der Weinhandel zwischen der Levante bzw. Kanaan und Ägypten nachweisen. Eine Reihe von Weinamphoren, die im Grab von Pharao Skorpion I. (um 3200 v. Chr.) im mittelägyptischen Abydos, am westlichen Nilufer, gefunden wurden, zeigen, dass sie aus Palästina kamen.

Auch andere Arten von Obstgärten waren nur zur Produktion von Früchten angelegt. Rückschlüsse über den Aufbau solcher Obstgärten erlaubt die in Mittelägypten gelegene archäologische Fundstätte Tell el-Amarna am Ostufer des Nils: Die baulichen Überreste zeigen, dass der große Wirtschaftsgarten in Obst-, Wein- und Gemüsegarten unterteilt war. Sie waren von einer Mauer umgeben, und in sich war die Fläche, den dort angebauten Obstarten folgend, in weitere Einfriedungen unterteilt.

So lange das alles auch schon zurückliegt, haben wir einige Anhaltspunkte für die Arbeit, die dort stattfand. Die in diesen Gärten Arbeitenden waren gesellschaftlich nicht gut angesehen und arbeiteten nicht gerade unter den günstigsten Bedingungen: So waren sie den ganzen Tag der prallen Sonne ausgesetzt, trugen nicht einmal einen Kopfschutz gegen Hitzschlag und hatten vom Tragen wassergefüllter Gefäße und schwerer Geräte oft Geschwüre am Nacken. Sie standen unter der Aufsicht eines Vorarbeiters, der sie immer wieder zur Arbeit antrieb. Wie manche Grabbilder zeigen, konnte sich der eine oder andere Arbeiter auch einmal im Schatten eines Baumes erholen.

Ein wichtiger Teil der Arbeit während der Reifezeit bestand darin, Star- und Sittichschwärme zu vertreiben, die gerne über Obstbäume und Reben herfielen – zumindest bevor man auf die Idee kam, die Dattelpalmen mithilfe von Netzen vor dem Zugriff der Tiere zu schützen. Paviane waren dafür berüchtigt, Blütenstände und die Palmherzen herauszuziehen. Neben Ratten, gegen die man sich zur Wehr setzen musste, drohte die Gefahr von Heuschreckenschwärmen, die in kürzester Zeit eine ganze Ernte zunichte machen konnten.

Um die Ernte einzuholen, kletterten die Arbeiter mit einem Korb auf dem Rücken auf die Bäume, pflückten die Früchte und ließen den gefüllten Korb dann an einem Seil herunter. Die Verwendung von Leitern scheint weniger üblich gewesen zu sein. Und da waren eben auch die gezähmten, angeleinten kleinen Affen, die man auf Feigenbäume oder Palmen klettern ließ, um die Früchte herunterzuholen.

Tatsächlich lassen sich Zeichen des Vergnügens selbst bei den ergiebigsten Obstgärten ausmachen. Im sogenannten Papyrus von Turin (»Turin Erotic Papyrus«), der aus der Zeit des Neuen Reiches stammt (1550–1080 v. Chr.) und die ältesten bekannten Darstellungen eines Liebesaktes zeigt, gibt es Gedichte, in denen die verschiedenen Bäume eines Obstgartens sprechen.

Auch für Mesopotamien lassen sich verschiedene Arten von Gärten feststellen: solche, die eher repräsentative Funktionen hatten, in denen sich die herrschenden Schichten erholten, und solche, in denen es um die Kultivierung von Früchten ging. Insofern ähnelte die Situation der in Ägypten. Die geografischen Verhältnisse vor Ort waren dennoch andere: Das Land mit seinen weit ausgedehnten, vielerorts von Schlamm bedeckten Flächen bot sich von Natur aus zunächst gar nicht für den Gartenbau an; die Menschen mussten erst den Lauf von Euphrat und Tigris eindämmen und das Flusswasser über Kanäle gezielt auf die Felder führen. Diese aufwendige Umgestaltung der Landschaft war die Voraussetzung dafür, dass sich Palmenhaine und Äcker über die gesamte Ebene ausbreiten konnten, und zwar vermutlich schon während der ersten Hälfte des dritten Jahrtausends vor Christus.

Es gibt eine Reihe von Anhaltspunkten dafür, wie diese Gärten einst ausgesehen haben könnten. Dafür ist allerdings ein großer Zeitsprung notwendig. Der assyrische König Assurnasirpal II. (883–859 v. Chr.) hat große Anstrengungen unternommen, um seine Hauptstadt Nimrud am Tigris im Norden Iraks mit Wasserquellen zu verbinden:

> Ich hob einen Kanal aus, der vom Oberen Zab ausgehend einen Berggipfel durchschnitt, und nannte ihn Kanal der Fülle. Ich wässerte die Wiesen des Tigris und pflanzte in der Umgebung Obstgärten mit vielerlei Bäumen. Ich setzte Samen und Pflanzen, gefunden in den Ländern, durch die ich marschiert war, und dem Hochland, das ich durchquert hatte: Kiefern verschiedener Art, Zypressen und Wacholder verschiedener Art, Mandelbäume, Dattelpalmen, Ebenholz, Rosenholz, Olivenbaum, Eiche, Tamariske, Terpentin-Pistazie und Esche, Tanne, Granatapfel-, Birnen-, Quitten- und Feigenbaum, Weinreben …

Bei alldem bleibt zu bedenken, dass die Region arm an Bäumen war und die Ansammlung der genannten Arten einen wirklichen Luxus darstellte, mehr noch: da sie aus allen Teilen des Königsreichs herbeigeholt und mit allen verfügbaren Methoden sorgsam kultiviert wurden, waren sie auch ein Symbol für die Macht und den Einfluss der jeweiligen Herrscher. Auch Sargon II. (8. Jahrhundert v. Chr.) legte in der neu erbauten Stadt Dur-Sharukkin Gärten an, wo es sogar möglich war, Löwen zu jagen und Falknerei zu betreiben, also ein der Natur nachempfundenes Gelände – insofern waren sie weitläufiger und vielgestaltiger als die Gärten der ägyptischen Könige. Sein Nachfolger im Amt, Sennacherib (7. Jahrhundert v. Chr.) ließ ein Aquädukt errichten, um Wasser aus den Bergen nach der assyrischen Stadt Ninive in Obermesopotamien (am Ostufer des Tigris und in der Umgebung von Mossul im heutigen Irak, wo sich neueren Untersuchungen zufolge die hängenden Gärten von Babylon befunden haben sollen) umzuleiten:

> Um den Strom des Wassers durch diese Obstgärten zum Stillstand zu bringen, legte ich einen Sumpf an und darin ein Röhricht: Reiher, Wildschweine, Tiere des Waldes ließ ich darin frei. Durch das Gebot der Götter gediehen und erblühten

> in den Gärten Weinreben und alle Arten von Obstbäumen und Kräutern. Zypressen und Maulbeerbäume wuchsen in die Höhe und vermehrten sich; Röhrichte erreichten rasch eine mächtige Ausdehnung; Vögel des Himmels und des Wassers bauten ihre Nester; und die wilden Bachen und Tiere der Wälder brachten eine Vielzahl ihrer Jungen hervor.

Ein Kalksteinrelief, ebenfalls aus Ninive, zeigt Ashurbanipal (7. Jahrhundert v. Chr.), König des neuassyrischen Reichs, wie er unter einer Weinlaube in einem Garten liegt, deren Bäume ihrerseits von Vögeln bevölkert sind. Ihm gegenüber befindet sich die Königin auf einer Art Hochsitz. Die Szene, genannt »Die Erholung unter der Weinlaube«, vermittelt einen Eindruck von der Anmut und dem hohen Grad der Kultiviertheit der Menschen und dokumentiert zudem die Vielfalt der Pflanzen.

Abgesehen von Dekorationen auf mesopotamischen Tempelruinen, die auf Pflanzen hindeuten, ist dem Zahn der Zeit leider fast alles anheimgefallen, aber Archäologen gehen davon aus, dass die bewirtschafteten Areale außerhalb der Stadtmauern von einfachen, etwa zwei Meter hohen Mauern aus Lehmziegeln, gestampfter Erde oder Steinen umgeben waren – um sie vor Dieben und Tieren zu schützen. Die Abgrenzung markierte auch, dass Pflanzen ausgewählt worden waren und hier, innerhalb der Mauern, in ein neues Ensemble eingebunden wurden, wo sie einer anderen Ordnung gehorchten als in der Welt außerhalb. Dort gab es etwas, das der Pflege und Obhut bedurfte, um sich zu voller Reife und zum Nutzen der Menschen entfalten zu können. Die Mauer symbolisierte zudem einen Besitzanspruch. Und je nachdem, wie effektiv der Garten von der Außenwelt abgeschirmt war, ob er überhaupt noch Blicke zuließ, dürfte er bei den anderen auch Begehrlichkeiten geweckt, ja die Fantasie angeregt haben, darinnen etwas zu vermuten, das möglicherweise mit der Wirklichkeit gar nicht mehr so viel gemein hatte.

Die tief, auf Flusshöhe oder sogar unterhalb der zuführenden Kanäle gelegenen Bereiche waren für eine Gartenanlage am besten geeignet. Schon früh verbreitet war der *Schaduf*, ein Schöpfwerk oder Hebelbrunnen, mit dem Wasser auch in Gärten verbracht werden konnte, die sich etwas oberhalb des Wasserstandniveaus befanden. Das eigentliche Stadtgebiet war für die Anlage von Gärten schon deswegen nicht geeignet, da es auf seinen eigenen Ruinen kontinuierlich emporwuchs und das Wasser ständig auf das immer weiter erhöhte Niveau der Stadt hätte gehoben werden müssen. Eine wichtige technische Innovation war die Archimedische Schraube (die interessanterweise schon 400 Jahre vor Archimedes in Gebrauch gewesen sein muss; der Name wurde ihr später zugeordnet, weil der griechische Ingenieur vermutlich als erster das Funktionsprinzip

Ein Gärtner bedient einen Schaduf. Bild aus dem Grab von Ipuy, Theben, Ägypten (ca. 1250 v.Chr)

beschrieben hatte). Mit ihrer Hilfe konnte Wasser sehr viel einfacher zum Beispiel aus Zisternen, die ihrerseits von Kanälen gespeist wurden, nach oben gepumpt werden.

In der akkadischen Sprache, einer der Amtssprachen, wurde der Obstgarten als *Kiru* bezeichnet. Der Gärtner, der sich nicht nur mit den Bäumen an sich auskennen, sondern auch den Überblick über das Bewässerungssystem haben musste und Anweisungen für die Schaffung eines ganzen Netzes von Rinnen gab, damit jede einzelne Pflanze mit Wasser versorgt werden konnte, trug den Namen *Nukarribu*. Die Gärten befanden sich meist in öffentlicher Hand und wurden entweder von Palastangehörigen bewirtschaftet oder an einen Pächter vergeben, der dafür Abgaben zu entrichten hatte, und zwar auf Basis von Ertragsschätzungen nach Inspektion des Gartens. Mithilfe dieses Systems wollte man Betrugs- oder Anfechtungsversuchen vonseiten des Bewirtschafters zuvorkommen. Ihre überlieferten Namen wie »Palmgarten am Ufer des Tigris« unterstreichen, dass sie an Flussläufen oder Bewässerungsgräben gelegen waren.

Diese Gärten waren nicht nur der Ort, wo man Pflanzen mit dem damals vorhandenen Wissen kultivierte, um begehrte Früchte

Die Mauer des Agdal, südlich von Marrakesch

ernten zu können, sondern sie zählten auch zu den wenigen Orten, wo die Menschen außerhalb ihrer Häuser Geborgenheit und etwas Schutz vor der Sonne finden konnten. Die Ansammlung von gezielt gepflanzten Bäumen bildete einen Mikrokosmos, in dem das Leben einem sichtbaren Kreislauf folgte. Bewässerungssysteme und Teichanlagen bewirkten durch ihre Verdunstungskälte eine gewisse Frische. Die Schatten spendenden Bäume und die saftigen Früchte, die man dort ernten konnte, befanden sich in wohltuendem Kontrast zu der Welt, mit der sich die Menschen sonst konfrontiert sahen. Pappeln und Tamarisken wurden oft reihenweise an Kanälen und Wasserläufen angebaut, um den Wind und die Bodenerosion aufzuhalten.

Hinweise darauf, wie weit entwickelt und durchdacht die Bewirtschaftung dieser frühen Gärten schon war, liefert einer der ältesten noch erhaltenen Obstgärten der Welt, der zudem von enormer Ausdehnung war: der Agdal, südlich von Marrakesch gelegen, und im Besitz des marokkanischen Königshauses. Der nahezu 500 Hektar umfassende Garten wurde im 12. Jahrhundert von Abd al-Mu'min

Ziegen auf einem Arganbaum, Marokko

(ca. 1094–1163) gegründet, seitdem unterlag die Anlage allerdings vielen Veränderungen. Er ist heute von einer im 19. Jahrhundert gebauten Mauer mit vielen kleinen Toren umgeben und die Heimat von unzähligen Dattelpalmen, Oliven-, Feigen-, Mandel-, Aprikosen-, Orangen- und Granatapfelbäumen.

Untergrundkanäle versorgen die Bevölkerung der Stadt mit Trinkwasser und führen dem Garten frisches Wasser aus den 30 Kilometer entfernten Bergen des Hohen Atlas zu, genauer gesagt aus dem Ourika-Tal. Teil des Gartens sind eine Reihe von über das gesamte Gartengelände verstreuten Pavillons und drei rechteckige Wasserbecken. Dort konnten Soldaten schon vor langer Zeit das Schwimmen erlernen. Heute tummeln sich Karpfen in den Becken des Agdal von Marrakesch, der inzwischen zum UNESCO-Weltkulturerbe zählt.

In der Nachbarschaft des Agdal gibt es noch eine ganz besondere Art von traditionellen, zum Teil wildwachsenden Obstwäldern, die heute vor allem an der südwestmarokkanischen Atlantikküste gedeihen, etwa westlich von Marrakesch, südlich von Essaouira: Es handelt sich um knorrig gewachsene, bis zu 12 Meter hohe Arganbäume. Der Arganbaum soll einmal in weiten Teilen des Mittelmeeres und in Nordafrika verbreitet gewesen sein; seine Ursprünge liegen in einer Zeit vor einem massiven Klimawandel, als bis zu den Polen noch tropisches Klima herrschte. Manche bezeichnen ihn als »lebendes Fossil« aus einer früheren erdgeschichtlichen Phase, vor bis zu 80 Millionen Jahren. Heute beschränkt sich die Verbreitung dieses Baumes auf den Südwesten Marokkos, zwischen dem Atlas-Gebirge, dem Atlantik und der Sahara – eine Region, in der häufig auch Olivenbäume wachsen. Die Arganbäume unterscheiden sich schon auf den ersten Blick durch ihre schlangenhautartige Rinde von Olivenbäumen. Sie entwickeln kleine gelbe, ölreiche Beeren, die, einmal gereift, vom Baum fallen und dann von Hand eingesammelt werden können. Sie enthalten harte, ölhaltige Samen, die als Argannüsse bezeichnet werden.

Die Wurzeln der Arganbäume reichen bis zu 30 Meter tief ins Erdreich, womit sie auch einen wichtigen Beitrag gegen das Vordringen der Wüste liefern. Und sie haben die außergewöhnliche Fähigkeit, bei absoluter Trockenheit ihr Laub abzuwerfen. Ihren maximalen Ertrag an Beeren erreichen sie erst im Alter von 50 bis 60 Jahren. Traditionell werden die Nüsse von Berberfrauen mit Flusssteinen geknackt, um sie verwerten zu können. Verwendet wird das nussig schmeckende Öl gerne als Brotbeilage oder zu Couscous, als Fett zum Kochen, aber auch als Haarpflegemittel. Das harte Holz ist ebenfalls sehr begehrt. Wie die Blätter des Baumes sind die Beeren bei Ziegen äußerst beliebt; sie klettern auf die Bäume, fressen die Früchte und scheiden die Samen aus. Das hat man sich zunutze gemacht, indem man die nach der Darmpassage vom Fruchtfleisch befreiten Samen einsammelte.

Doch noch einmal zurück in die Vergangenheit. Während der folgenden Jahrhunderte setzte sich die Entwicklung im weiteren, nun islamisch geprägten Raum fort. In den persischen Gärten hatte sich lange die Sehnsucht nach dem Paradies materialisiert. Hier ein Auszug aus der Geschichte der 214. Nacht aus *Tausendundeiner Nacht*, ein Beispiel, das unterstreicht, wie sehr zum Vergnügen bestimmte und zum Anbau gedachte Bereiche in dieser Zeit miteinander verwoben waren.

> Und was für ein herrlicher Garten das war! Der Eingang war wie ein Iwan überwölbt, die Türen darin wie Tore zum Paradies. Man betrat durch das Tor einen Gang aus gebogenen Drahtgitterstäben, an denen die Ranken von Weintrauben wuchsen und Trauben in vielerlei Farben hingen: die roten wie Karneole, die schwarzen wie Abessiniergesichter, und zwischen den roten und schwarzen erschienen die weißen Trauben wie Perlen, die zwischen Korallen und Teakhölzchen lagen. Trat man aus dieser behüteten Laube hinaus zu den größeren Bäumen des Gartens, so fand man dort Palmen, »doppelschaftige und einfachschaftige«, wie der Koran es beschreibt, und dazu sangen Vögel auf jedwede Weise: Der Hasar wiederholte die süßesten Melodien, die Turteltaube erfüllte den Ort mit dem Klang ihrer Stimme, die Nachtigall betörte mit ihrem Gesang die Gefühle, die Amsel sang fast wie ein Mensch, mit gewaltigem Jammern entfesselten Fachit-Tauben die Trauer, und auf das Gegurre der Ringeltauben zwitscherten Schwalben die Antwort. Von jeder Frucht reiften wenigstens zwei Sorten auf diesen Bäumen: Granatäpfel, süße und saure und süßsaure,

> Äpfel wie Zucker und solche der Sorte Daman sowie Birnen der Sorten Rachi und Challan. In diesem Garten gab es Dinge, die keine Zunge zu beschreiben fähig war und wie sie noch kein Auge gesehen hatte.

Reisende zeigten sich immer wieder von persischen Obstgärten fasziniert. James Justinian Morier, der zu Beginn des 19. Jahrhunderts Persien bereiste, sah die Obstgärten im Umfeld von Täbris im Westen des Landes:

> Der ganze Ort ist von Gärten umgeben, die die Perser *Mîwa Châne*, Fruchthäuser, nennen. Einer davon, westlich gelegen, hat eine enorme Ausdehnung und ist gänzlich mit Obstbäumen bepflanzt, abgesehen von einer Reihe Pappeln … Der Obstreichtum war bereits in dieser Jahreszeit am Blütenstand in den Gärten, vor allem der Aprikosenbäume, ablesbar. In den Freiräumen zwischen den Baumreihen hat man das Erdreich dammartig aufgeschüttet und darauf, im Winkel von sechzig Grad, Weinstöcke angelegt, deren Bewässerung durch Kanäle entlang der Rinnen zwischen den Erdaufschüttungen gewährleistet ist.

Noch im 20. Jahrhundert war die englische Schriftstellerin und Gartengestalterin Vita Sackville-West von dem besonderen Charakter der Gärten, die sie dort auffand, ganz eingenommen, wohl begreifend, dass sie mit den ihr so vertrauten englischen Gärten ihrer Heimat kaum etwas gemein haben. So schrieb sie 1926 in *Passenger to Teheran*:

> Doch es gibt Gärten aus Bäumen anstelle von Blumen; grüne Wildnisse. … Solche Gärten gibt es dort; viele von ihnen aufgegeben, und man teilt sie womöglich mit Grillen und Schildkröten, ungestört während der langen Nachmittagsstunden.

In solch einem schreibe ich. Er liegt an einem Südhang, am Fuße des schneebedeckten Elburs mit Blick über die Ebene. Er ist ein Gewirr von Dornbüschen und grauem Salbei, und hier und da befleckt ein Judasbaum in voller Blüte die weiße hohe Ebene mit seinem unglaublichen Magenta. Eine rosafarbene Wolke in einer Niederung zeugt von blühenden Pfirsichbäumen. Überall fließt Wasser, sei es in wilden Rinnen oder geleitet durch gerade Kanäle, ausgekleidet mit blauen Kacheln, und es strömt den Hang hinab in einen zerfallenen Brunnen inmitten von vier Zypressen. Dort steht auch der kleine Pavillon, eine Ruine wie alles übrige; die Fliesen der Fassade sind herausgebrochen und liegen zerschmettert auf der Terrasse; Menschen haben gebaut, doch offenbar nie instandgehalten; sie haben gebaut und sind gegangen und haben es der Natur überlassen, das Werk ihrer Hände in diese melancholische Schönheit zu verwandeln. … Der Garten ist ein Ort für geistige Atempausen und zugleich ein Ort der Schatten. Die Ebenen sind einsam, der Garten ist bewohnt; nicht von Menschen, sondern von Vögeln und Tieren und einfachen Blumen; von Wiedehopfen, die in den Zweigen »Hu Hu« rufen; von Eidechsen, raschelnd wie trockenes Laub; von der winzigen meergrünen Iris.

Der Zusammenhang von Früchten und Paradies taucht in vielen Religionen auf. In der Bibel heißt es dazu:

Gott, der Herr, brachte den Menschen in den Garten Eden. Er sollte ihn bebauen und bewahren.

Er befahl dem Menschen jedoch: »Du darfst jede beliebige Frucht im Garten essen, abgesehen von den Früchten vom Baum der Erkenntnis des Guten und Bösen. Wenn du die Früchte von diesem Baum isst, musst du auf jeden Fall sterben.«

FRÜHE ZIER-OBSTGÄRTEN

Im Garten Eden erlag Eva der Versuchung, von der verbotenen Frucht vom Baum der Erkenntnis zu essen. Das Paradies ging damit verloren. Danach versteckten sie sich unter den Bäumen im Garten vor Gott. Es war ganz sicher kein Apfel, der meist auf Gemälden von dieser Situation zu sehen ist. Von einem leibhaftigen »Apfel« ist in der gesamten Schöpfungsgeschichte nirgendwo die Rede, dafür immer nur von einer Frucht.

Der Grund dafür, dass sich die Legende vom »Apfel« so gut halten konnte, dürfte in der Arbeit der frühen Übersetzer an der lateinischen Textfassung begründet liegen, die »malus« und »malum«, also das Böse mit dem Apfel verwechselt haben. Der Satz »Lignumque scientiae boni et mali« heißt nun einmal »Der Baum der Erkenntnis des Guten und Bösen« – von einem Apfel steht da wohlgemerkt nichts. Zu den ersten Bibelillustrationen mit einem Apfel in Evas Hand war es dann nur noch ein kleiner Schritt. Und das Missverständnis wurde seit etwa dem fünften Jahrhundert n. Chr. immer weiter fortgeschrieben, über Jahrhunderte hinweg und bis in die heutige Zeit.

Um welche »Frucht« handelte es sich nun? Um eine Aprikose, um eine Feige, einen Granatapfel oder eine Dattel? So sehr wir die Sache auch drehen und wenden: aus der Bibel geht nicht hervor, welcher Art die verbotene Frucht gewesen ist.

DIE ZÄHMUNG DES APFELS

Von allen Obstarten dürfte die Geschichte des Apfels am besten erforscht sein. Aus den frühen Vorläufern gingen die wildwachsenden Arten hervor. In Europa ist dies der Holzapfel *(Malus sylvestris)*. Es ist zuweilen schwer, den Holzapfel von verwilderten Formen der Kulturäpfel zu unterscheiden. Diese Früchte sind klein und haben einen bitteren Geschmack. Wenn man sie trocknet, sind sie allerdings durchaus von Wert – sie werden etwas süßer. Archäologen haben Spuren gedörrter Wildäpfel in Siedlungen an Schweizer Seen sowie an Ketten aufgereiht im Grab der Königin Puabi im mesopotamischen Ur gefunden, die etwa 4500 Jahre alt sind. Manche Tiere verzehren diese Wildäpfel, wie man zum Beispiel bei der Erforschung der unterirdischen Bauten von Dachsen herausgefunden hat. Bei Kleintieren gilt der Wildapfelbaum wegen der dichten Verästelung zudem als beliebtes Versteck. Steinkauze nutzen die Stammhöhlen als Brutstätte, während Fledermäuse dort tagsüber unterkommen können.

Die Wildformen des Apfels sind auf der nördlichen Halbkugel im gemäßigten Klima zu Hause, wo die Kerne die für das Wachstum wichtige Kältephase durchlaufen können (Kulturäpfel aus Chile, Südafrika oder Neuseeland müssen das natürlich auch, aber es handelt sich eben nicht um Wildformen). Da die Äpfel nur wenige Zentimeter umfassen, dürfte Vögeln eine wichtige Rolle für die Ausbreitung zugekommen sein, da sie sich besonders für kleine, hängende Früchte interessieren. Aber auch Bisons, Hirsche, Bären, Wildschweine und Dachse fressen gerne Äpfel und hatten, indem sie bestimmte Früchte anderen vorgezogen haben, schon ihren Anteil an der Auswahl, bevor

»Im Obstgarten« – Gemälde des britischen Malers Henry Herbert La Thangue (1893)

In den blühenden wilden Obstwäldern von Kasachstan

Menschen überhaupt ihre Finger dabei im Spiel hatten. Pferde haben ebenfalls einen ausgeprägten Appetit auf die Früchte, und Forscher halten es für wahrscheinlich, dass isolierte Ansiedlungen der kleinen süßen Äpfel im Kaukasus, auf der Krim, in Teilen Afghanistans, des Irans, der Türkei und der Umgebung des heutigen Kursk im europäischen Russland auf diese Tiere zurückgeführt werden können.

Unser Kulturapfel mit seinen vielen Sorten ist ein Kreuzungsprodukt von Wildäpfeln, die bis heute im zentralasiatischen Raum vorkommen – wie umfassende Untersuchungen des Erbguts ergeben haben, sind alle kultivierten Äpfel *Malus pumila* zuzurechnen.

Wissenschaftler haben für diese Region, die durch den Wechsel von Halbwüsten, Hochplateaus und Gebirgsregionen geprägt ist, eine besonders starke Verdichtung der Formen festgestellt. Dort herrschen auf kleinem Raum sehr variable Umweltbedingungen, von denen man glaubt, dass sie für die entscheidenden Prozesse der Fruchtentwicklung wichtig gewesen sind. Vermutlich spielen die wilden Obstwälder an den Hängen des Tian-Shan-Gebirges dabei eine entscheidende Rolle. Schon lange war die Region häufig von heftigen Erdbewegungen erfasst worden, sodass immer wieder neue Schluchten gebildet, frischer Boden aufgeworfen und so dem Baumbewuchs zugänglich gemacht wurde. Das Hochgebirge (bis knapp 7500 Meter im Falle des Gipfels des Jengish Chokusu) erstreckt sich über 1600 Kilometer zwischen Westchina und Usbekistan, wo man viele der für die gemäßigten Zonen der nördlichen Hemisphäre typischen Fruchtarten wild wachsend finden kann: von Apfel über Birne, Quitte, Aprikose, Kirsche, Pflaume, Cranberry, Himbeere, Weintraube, Erdbeere bis hin zu Mandel, Pistazie, Haselnuss und Walnuss, um nur die wichtigsten zu nennen. Dort herrschten all die dafür förderlichen klimatischen und ökologischen Bedingungen: ein heterogener Charakter der Landschaft mit artenreicher Pflanzenwelt, mehr als 200 Flüssen, verbunden mit langen Zeitabschnitten, in denen keine Störungen von außen kamen – Wüstengebiete schlossen es in fast alle

Richtungen ab. Die Apfelbäume haben unterschiedliche Form und Größe, und die Früchte bieten von ihrem Geschmack her eine große Vielfalt: Manche sind süß, mit einer Note von Honig, Anis oder Nuss, andere dagegen so sauer, dass man sie nicht genießen kann. Der frühe süße Wildapfel, auf den alle unsere Kulturäpfel zurückgehen und dessen genaue Identität bis heute unbekannt ist, dürfte schon vor etwa zehn Millionen Jahren von seinem vermutlichen Ursprungsgebiet in China nach Tian Shan gelangt sein – und zwar mit Hilfe von Vögeln.

Wegen der geografischen Abgeschiedenheit und der politischen Isolation bis in diese jüngere Vergangenheit außerhalb des Blickfeldes sind diese erstaunlichen Wälder im Tian Shan, die sich in Enklaven bis in unsere Zeit hinein erhalten haben, ein Pilgergebiet für Botaniker geworden, die die Wildbestände untersuchen und sie als Genvorrat erhalten möchten. John Selborne, seit vierzig Jahren Betreiber eines Obstgutes in Hampshire und Vorsitzender der Treuhandverwaltung der Königlichen Botanischen Gärten in Kew, hat sich vor gut zehn Jahren in das Gebiet von Djungar Alatau in Kasachstan, nahe der chinesischen Grenze, aufgemacht:

> Wir entdeckten zum ersten Mal Wälder, in denen neben Pappeln und Ahornbäumen Apfelbäume die vorherrschende Art waren. An vielen rankte sich Hopfen empor. In Hampshire pflegte ich neben Apfelbäumen auch Hopfen anzubauen, rechnete aber nicht damit, dass beide in der Wildnis zusammen wachsen würden. Wäre ich nur dem Vorbild der Natur in Topoljevka gefolgt, ich hätte meinen Hopfen an alten Bramley-Apfelbäumen ziehen und dabei eine Menge Kosten sparen und auf die Pfosten und Drahtspaliere verzichten können, an denen ich meinen Hopfen ranken lasse. Wegen des späten Schneefalls im Mai gediehen nur wenige der Apfelbäume gut. Da ich gut beschnittene Obstgärten mit Bäumen in regelmäßigen Abständen gewohnt bin, war es eine Art Kultur-

Apfelernte, dargestellt von Carl Larsson

> schock für mich, einen Apfelwald kennenzulernen. Die Bäume waren eng miteinander verflochten, manche Äste durch Bären, die Früchte geerntet hatten, zerbrochen. Nachgewachsen waren häufig Schösslinge, die aus alten Bäumen emporgesprossen waren und ein undurchdringliches Gewirr bildeten.

Obwohl weit von menschlichen Siedlungen entfernt, ist dieser ohne Zutun von Menschen gewachsene Apfelwald ein Speicher wertvoller genetischer Informationen und als »irdischer Garten Eden«, wenn man so will, heute in seinem Fortbestand bedroht. Und zwar sowohl durch Pollen von kultivierten Äpfeln als auch durch grasende, wilde Pferde, die Jungpflanzen fressen.

Wie hat sich die Verbreitung dieser Früchte dann im weiteren asiatischen Raum nach Westen hin fortgesetzt? Frühe Menschen dürften in den Vorgebirgen und Ebenen Zentralasiens in den Sommer- und Herbstmonaten gute Bedingungen vorgefunden haben. Die Routen reitender Nomadenvölker in Innerasien reichen 10 000 Jahre oder

Apfelsorten aus Batty Langleys »Pomona« (1729), ein Werk, das »verlässliche Methoden für die in England vorhandenen Obstarten« versprach

noch weiter in die Vergangenheit. Eine wichtige Rolle für die Ausbreitung der Früchte dürften später auch die Bewegungen auf der antiken Seidenstraße, jener legendären Handelsroute von China nach Europa, gespielt haben. Im Gepäck der Karawanen, die von Osten Richtung Westen unterwegs waren, befanden sich nicht nur Seide und Keramik, sondern auch Nahrungsmittel, und nicht alle waren für den eigenen Verbrauch während der Reise bestimmt. Interessante Aufschlüsse bietet unter anderem die Untersuchung einer Abfalldeponie in der von Nomaden gegründeten Siedlung Tashbulak im Nordwesten von Usbekistan, am Rand des Pamir-Gebirges, etwa 2200 Meter über dem Meeresspiegel. Während Walnusskerne von Bäumen aus der Region stammen könnten, wurden zum Beispiel Überreste von Trauben sowie Pfirsichkerne gefunden, die an einem Ort mit milderem Klima gewachsen sein dürften, etwa in der Umgebung der Oasenstädte Samarkand oder Buchara weiter westlich.

Der Spanier Ruy González de Clavijo gehörte zu den ersten europäischen Reisenden, von denen man weiß, dass sie in diese inzwischen vom Islam geprägte Region kamen – ein Jahrhundert nach Marco Polo. Ende August 1404 erblickte er in den Ausläufern von Samarkand einen großen Obstgarten, der einem Park ähnelte:

> Wir fanden denselben von einer hohen Mauer umschlossen, und eine Fläche von sicherlich einer ganzen Quadratmeile umfassend, darin eine Fülle von Fruchtbäumen aller Arten, außer Limonellen- und Zitronenbäumen, deren Fehlen uns auffiel … Ferner stehen hier sechs mächtige Behälter, die einen großen Wasserlauf speisen, der sich von einem Ende des Obstgartens zum anderen zieht. Fünf Reihen sehr hoher und schattiger Bäume säumen die gepflasterten Alleen, die die Wasserbecken verbinden, und kleinere Wege zweigen von den Alleen ab, um dem Gesamtentwurf Abwechslung zu verleihen.

Außerhalb des eigentlichen Obstgartens gab es noch einen weiteren gleicher Größe, in dem Weinreben gezogen wurden.

Doch noch einmal zurück zum Apfel. Er ist eine nahezu perfekte Frucht, weil er im Gegensatz zu vielen anderen besonders gut haltbar ist und über große Entfernungen transportiert werden kann. Menschen dürften früh herausgefunden haben, dass er sich, einmal in Scheiben geschnitten und getrocknet, noch besser lagern lässt, weil er dann für Insekten nicht mehr interessant ist und sich auch keine Fäulnisbakterien oder Pilze mehr auf ihm ausbreiten können. Zugute kam ihm auch, dass er dabei einen Teil seines bitteren Geschmacks einbüßt. Im Mittelalter wurden Holzäpfel vor allem dafür verwendet, Speisen zu würzen. Und das meist drehwüchsige Holz dieses Apfelbaumes war bei Drechslern und Tischlern wegen seiner Härte geschätzt und Grundlage für Uhr-Zahnräder, Tretmühlen, Schrauben und Furniere zur Verzierung von Möbeln.

»Der Apfel fällt nicht weit vom Stamm.« Jeder kennt die symbolische Bedeutung dieser Redensart. Im eigentlichen Wortsinn sagt sie genau das aus: Sobald ein Apfel reif geworden ist, fällt er auf den Boden. Damit das passieren konnte, gab es einen Kommunikationsvorgang zwischen dem Baum und den Früchten. Die Äpfel produzieren Ethylen und signalisieren dem Baum, dass sie reif sind, woraufhin die Blätter mit der Produktion von Abscisinsäure, einem Altershormon, beginnen. Das wiederum führt dazu, dass sich zwischen Zweig und Apfelstiel eine Trennschicht bildet, der Nährstofftransport unterbunden wird und die Frucht zu Boden fällt.

Wenn wir uns vorstellen, dass die Frucht allmählich zerfällt und einer der Kerne den Weg an dieser Stelle ins Erdreich findet, sind seine Aussichten auf Wachstum direkt neben dem Mutterbaum allerdings nicht besonders gut, denn der kleine Baum stünde im Schatten und würde mit dem anderen Baum um Wasser und Nährstoffe konkurrieren. Sie müssen einen gewissen Abstand zueinander haben, denn sie benötigen Zugang zu Luft und Sonne, um gedeihen zu können. Junge Apfelkerne sind auch resistent gegen Kälte, da sie mit natürlichen Keimhemmern versehen sind. Sie brauchen einen Winter und treiben dann erst in der neuen Vegetationsperiode, nachdem sie durch Aufnahme von Feuchtigkeit aufgequollen sind, aus; die jungen Triebe würden ja sonst während der kalten Jahreszeit erfrieren.

Allerdings hat die Sache mit dem Apfel, der »nicht weit vom Stamm fällt«, einen Haken. Was bei Menschen – der Redensart folgend – durchaus zutreffen kann, dass die Kinder den Eltern sehr ähnlich sind, ist bei Apfelkernen nicht der Fall, weil das Erbgut des Apfels im Kern in sehr vielen Versionen vorliegt, und dabei sind die ältesten Gene normalerweise die dominanten. Ein Apfel von einem Baum, der aus einem Kern entsteht, ist in den meisten Fällen nicht einmal genießbar. »Er fällt«, um in diesem Bild zu bleiben, »weit vom Stamm«.

Aus den Kernen wachsen nur sehr selten Nachkommen mit genau denselben Eigenschaften. Es galt, die unter natürlichen Bedingungen ablaufende geschlechtliche Vermehrung zu verhindern, damit genetisch identische Exemplare hervorgebracht werden. Um Bäume bzw. Früchte mit denselben Eigenschaften zu bekommen, die besonders schön oder schmackhaft waren, wurde ein gezieltes Eingreifen von Menschenhand notwendig: die sogenannte Veredelung. Diese Methode beinhaltet, dass ein Trieb eines besonders geschätzten Obstbaumes, ein Edelreis, wie man diesen auch nennt, mit dem Stamm der Unterlage verbunden wird. Entscheidend ist, dass das Kambium (eine hinter der Rinde gelegene Wachstumsschicht) des Edelreises auf dem Kambium der Unterlage liegt, sodass sich ein Zwischengewebe bildet und damit beide miteinander verwachsen können – was zwischen zwei und vier Wochen dauert.

Wenn das richtig ausgeführt wird und es keine Unverträglichkeiten gibt, wachsen die beiden Teile zusammen, und der Obstbaum, dem das Edelreis entnommen worden war, wurde damit vervielfältigt, auf natürliche Weise geklont. Die Unterlage sorgt für die Versorgung des Triebes mit Wasser und Nährstoffen und beeinflusst das Wachstum in verschiedener Hinsicht. Und ein großer Zeitgewinn verbindet sich damit. Wenn nämlich der Ableger oder Steckling eines schon älteren Baumes mit einem jungen oder alten Wurzelstock verbunden wird, überträgt sich die Eigenschaft der Blütenbildung von dem Ableger auf die gesamte Pflanze – der Baum trägt damit früher Blüten und Früchte!

Damit begann eine ganze neue Stufe der Kultur fruchttragender Pflanzen. Die Veredelung war die Voraussetzung dafür, dass Sorten entstehen konnten, deren Nachkommen immer genau dieselben Eigenschaften haben. Im Laufe der Jahrtausende hat man gelernt, diese Technik immer weiter zu optimieren. Die genauen Ursprünge des Veredelns liegen im Dunkeln. Barrie E. Juniper und David J. Mabberley, die sich intensiv mit der historischen Entwicklung des Apfels beschäftigten, haben die interessante Theorie formuliert, nach welcher die Veredelung zuerst von Feldarbeitern beobachtet worden sein kann: als natürliche Veredelung zwischen benachbarten Pflanzen derselben Art, etwa wenn Pflanzenteile zu einer Matte geflochten wurden, diese Teile sich verbunden haben und sich dann spontan neue Triebe daraus entwickelten. Das könnte Menschen dazu gebracht haben, solche Verbindungen ganz gezielt anzubahnen.

Welche Pflanzen für eine Veredelung geeignet sind und welche nicht, ist ein recht kompliziertes Thema, weil dabei mehrere Faktoren eine Rolle spielen. Im Laufe der Zeit gewannen die Menschen Erfahrungen darin, welche Obstarten bei der Veredelung mit welchen kompatibel sind. Als Grundregel für die Kompatibilität gilt eine nahe Verwandtschaft. Je näher sich die beiden zu verbindenden Pflanzen genetisch sind, desto größer ist die Wahrscheinlichkeit, dass die Veredelung funktioniert.

Die sogenannte Unterlage, also das, was unter der Erde wächst, bestimmt die Größe des Baums, der obere Teil des Baumes dabei die Fruchtart. Heutzutage werden Birnbäume auf den Unterlagen von Quittenbäumen gezogen, Apfelbäume allerdings nur auf denen von Apfelbäumen. Mandel und Pfirsich etwa sind kompatibel, Mandel und Aprikose aber nicht – obwohl alle zu den Rosengewächsen gehören. Schon Theophrast schrieb: »Gleiches vereinigt sich stets bereitwillig mit Gleichem und die Knospe gehört gewissermaßen derselben Sorte an.«

Die Vorstellungen darüber, was man womit verbinden kann, uferten in der Vergangenheit oft ins geradezu Fantastische aus. Zum Beispiel meinte man einmal, wenn man Maulbeeräste auf eine weiße Pappel pfropfte, würde das weiße Maulbeeren ergeben.

Von den biologischen Gesetzmäßigkeiten einmal abgesehen, gab es auch kulturelle bzw. religiöse Vorbehalte gegen das Veredeln, das zuweilen wie eine Heirat verstanden wurde. Danach galt es, die Verbindung zwischen ungleichen Pflanzen, etwa von Apfel mit wilder Birne, zu vermeiden. Schließlich, so meinte man, könne ein Mensch aus einer gebildeten Familie sich nicht mit einem Analphabeten verbinden. Mit der Veredelung von Früchten, der Beschneidung von Fruchtbäumen und -sträuchern verbindet sich zudem eine ganze Galerie von Werkzeugen, die ihrem Zweck immer besser angepasst wurden.

Im Laufe der Zeit trat der Anteil wildwachsender Fruchtpflanzen zugunsten von Obstpflanzen zurück, die bewusst angebaut wurden. So entstanden Kulturformen, die sich immer deutlicher von den Wildformen unterschieden und damit immer mehr den Wünschen der Obstbauern entsprachen. In jedem Fall war Geduld notwendig. Damals wie heute gilt: Bis sich die ersten Früchte zeigen, vergehen nach der Anpflanzung mindestens drei Jahre. Die jungen Bäume bedürfen besonders sorgfältiger Pflege.

Bis heute gibt es Zwischenformen, Gruppierungen von Bäumen, die irgendwo auf dem breiten Spektrum zwischen »wild« und »kultiviert« anzusiedeln sind. Ein Beispiel: In Zentralanatolien werden wildwachsende Obstbäume ganz bewusst erhalten. Man erfreut sich einfach an den Früchten oder benutzt sie manchmal auch, um dünne Zweige von einem Baum mit gut schmeckenden Früchten auf die Unterlagen junger Pflanzen zu stecken. Auch propft man dort edle Ölbaumzweige auf den wildwachsenden Oleaster. Im Allgemeinen handelt es sich vorwiegend um wilde Birnbäume, aber auch Kornelkirsche, Atlantische Pistazie, Mandel und Zürgelbaum.

BEI DEN GRIECHEN UND RÖMERN

Die Veredelung war bereits im antiken Griechenland bekannt. Man stand dort stets in engem Kontakt mit dem benachbarten Kleinasien, und von dort kamen auch die Obstbäume und die Methoden ihres Anbaus. Die erste Beschreibung eines Obstgartens, desjenigen von Alkinoos, des Königs der Phäaken, findet man bei Homer, und zwar in der *Odyssee*, Buch VII, die etwa in der Wende vom 8. zum 7. Jahrhundert v. Chr. entstand:

> Außer dem Hofe liegt ein Garten, nahe der Pforte,
> Eine Huf' ins Gevierte, mit ringsumzogener Mauer.
> Allda streben die Bäume mit laubichtem Wipfel gen Himmel,
> Voll balsamischer Birnen, Granaten und grüner Oliven,
> Oder voll süßer Feigen und rötlichgesprenkelter Äpfel.
> Diese tragen beständig und mangeln des lieblichen Obstes
> Weder im Sommer noch Winter; vom linden Weste gefächelt,
> Blühen die Knospen dort, hier zeitigen schwellende Früchte.
> Birnen reifen auf Birnen, auf Äpfel röten sich Äpfel,
> Trauben auf Trauben erdunkeln, und Feigen schrumpfen auf Feigen.

An anderer Stelle in der *Odyssee* wird der Bauernhof des Laertes, des Vaters von Odysseus, erwähnt, der neben einem Haus, Unterkünften für Sklaven, Ställen für die Tiere, Feldern und Weinan-

Detail aus einem Grabdenkmal für einen Athleten aus dem griechischen Böothien. Oben sind zwei Granatäpfel (ca. 550 v.Chr)

pflanzungen auch diese Obstarten aufzählt. Neben *orchatos* wurden Obstbaumgärten auch als *kêpos* bezeichnet; ein Begriff, dessen changierende Bedeutung nicht leicht zu fassen ist, vergleichbar mit den Eigenschaften des Gartens, den er beschreiben soll. Die Archäologin Margaret Helen Hilditch hat sich mit dem griechischen Konzept des *kêpos* oder Gartens auseinandergesetzt:

> Die drei wesentlichen »Resonanzen« waren: die Fürsorge für etwas Hochgeschätztes; Luxus, Privileg und Elemente östlicher Kultur sowie die verführerische und zugleich riskante Gegenwart von Frauen. Diese Aspekte, verbunden mit der Landschaft Griechenlands, machten den Garten zu einem ambivalenten, auf einer Grenzlinie gelegenen Raum.

Die Dichterin Sappho, die um 600 v. Chr. auf Lesbos lebte, erwähnt einen Bezirk der Aphrodite, in dem es Apfelbäume und Wiesen gab und eine Quelle sprudelte, die dann offensichtlich für die Bewässerung diente. Gärten außerhalb der Städte lagen an Flüssen und Bächen, die ihre Versorgung mit Wasser sicherstellten.

Feigenbäume wurden in Griechenland schon früh angebaut; als ihr Ursprungsgebiet gilt Persien. Sie haben eine komplizierte Bestäubungsbiologie, die bei den meisten Arten nur in Symbiose mit der Feigengallwespe funktioniert. Neben weiblichen und männlichen Blüten gibt es die sogenannten Gallblüten, die als Brutstätte für diese Wespen dienen. Da nicht alle Blütenarten auf einem Baum gleichmäßig vorkommen und die Pollen zu unterschiedlicher Zeit reifen, konnte durch Zucht erreicht werden, dass bestimmte Sorten des Feigenbaums nur Gallblüten und männliche Blüten tragen *(Caprificus)* und andere nur weibliche Blüten *(Ficus)*. Zweige des *Caprificus* werden für die Befruchtung in die Kronen der Kulturfeige gehängt. Dieser weibliche und Kultur-Feigenbaum entwickelt dann die Früchte. Das Verfahren trägt den Namen Kaprifikation.

Wichtig war auch die große Wertschätzung der Weinreben, die aus der Umgebung des Schwarzen Meeres gekommen waren. Der griechischen Mythologie zufolge soll Dionysus, der Sohn des Zeus, sie entdeckt und eingeführt haben. Platon vertrat die Auffassung, dass Gott den Menschen nie etwas Besseres oder Wertvolleres gegeben hatte.

Theophrast gilt vielen als »Vater der Botanik«

Die ältesten Kerne von Weintrauben, die dann vermutlich auch schon kultiviert waren, wurden in Transkaukasien, auf dem Gebiet des heutigen Georgien, gefunden. Sie stammen aus dem sechsten Jahrtausend vor Christus. Die frühen Weinbauern dort wählten gezielt solche Reben aus, die sich selbst bestäuben konnten und nicht auf andere angewiesen waren. Untersuchungen haben ergeben, dass sich die Traubenkerne im Zuge der Kultivierung verändert haben – sie wurden länger. Im westlichen Kaukasus ist auch das Keltern, das Vergären von Traubensaft zu Wein, erfunden worden. Die Belege dafür sind 6000 Jahre alt. Bis heute stellen Georgier dort mit Methoden Wein her, die Jahrtausende zurückreichen – es handelt sich gewissermaßen um ein lebendiges Stück Archäologie. Der griechische Historiker Herodot war schon gut über diesen Teil der Erde informiert, als er schrieb, dass dort viele verschiedenartige Volksstämme zu Hause sind, die fast ganz von wild wachsenden Früchten leben.

Und er hatte Kunde davon, dass die östlich vom Kaspischen Meer lebenden Menschen ihre Obsternte klug über das Jahr zu verteilen verstanden: »Im Winter ernähren sie sich von Früchten, die sie von

Die Illusion eines Gartens: Freske in der römischen Villa di Livia
(erstes Jh. n.Chr.)

Bäumen ernten und, wenn sie reif sind, als Nahrung lagern.« Möglicherweise spielte er damit auf die Pflaumen an, die bekannt dafür waren, frisch und in getrocknetem Zustand verzehrt worden zu sein.

Wichtig für den Obstbau im antiken Griechenland ist Theophrast (ca. 371–287 v. Chr.), der als »Vater der Botanik« in die Geschichte einging und die Praxis auf diesem Gebiet mindestens bis ins 17. Jahrhundert formen half. Es heißt über ihn, er habe seine Vorträge in den Alleen seines Gartens wandelnd gehalten, wo er eine Reihe von Bäumen und Pflanzen wie in einem botanischen Garten gezogen hatte. Er nennt in seinen beiden, allerdings nur unvollständig übermittelten Fundamentalwerken *Geschichte der Pflanzen* und *Ursachen der Pflanzen* bereits sechs Apfelsorten, vier Birnensorten, zwei Sorten Mandeln und Quitten. Zum ersten Mal überhaupt beschrieb er runde, rote Früchte, die auf einem großen Baum wachsen: er meinte die Kirschen. Die Zahl der Weinreben muss damals bereits beträchtlich gewesen sein, und er schreibt: »Soviel Äcker, soviel Sorten«. Die bedeutendsten Kulturen waren damals Wein, Oliven und auch Feigen. Die Vermehrung der Obstsorten geschah durch Veredelung. Soweit es sich um selbstfruchtbare Obstarten wie den Pfirsich handelt, erfolgte die Vermehrung auch über Samen. Die im Orient schon lange bekannte künstliche Bestäubung der Dattelpalmen erwähnt Theophrast ebenfalls. Er bezeichnete den Pfirsich als persische Frucht, möglicherweise weil Alexander der Große ihn von dort mitgebracht hatte. *Prunus persica* hat, wie wir heute wissen, seinen Ursprung im Norden Chinas, wo er zuerst etwa 2000 Jahre v. Chr. kultiviert wurde (wild wuchsen Pfirsiche in China allerdings schon vor 2,6 Millionen Jahren). Reisende haben seine Kerne auf der Seidenstraße erst später nach Persien und Kaschmir mitgeführt.

Gegen Obstdiebe und Baumfrevler verfügte Strafen gibt es schon lange. Die Versuchung, Obst von fremden Bäumen zu stehlen, Zweige abzubrechen oder gar einen Baum zu fällen, um Brennholz für lange Winter zu gewinnen, reicht weit zurück. Während kriegerischer Auseinandersetzungen wurden Bäume oft ganz bewusst geschädigt.

Über die Verfügung des Drakon (um 620 v. Chr.), eines griechischen Gesetzgebers im antiken Athen, ist bekannt, dass Baumbeschädigungen und Diebstahl sogar mit der Todesstrafe belegt werden konnten.

Die Römer bauten auf die Erkenntnisse der Griechen. Zuvor stammte das meiste Obst, das die Römer verzehrten, von wild gewachsenen Bäumen und Sträuchern. Der Legende folgend, hatte die Wölfin Romulus und Remus, die Gründer von Rom, unter einem wild wachsenden Feigenbaum gesäugt. Nicht irgendeinem, sondern dem *Ficus Ruminalis* am *Forum Romanum*. Und die Göttin Pomona hatte bei ihnen das Schutzpatronat für den Apfelbaum. In sie hatte sich Vertumnus verliebt, der über den Wechsel der Jahreszeiten wachte und dabei besonders das Wohl der Obstbäume im Auge hatte. Jung und attraktiv, war es ihm gegeben, sich in verschiedene Gestalten zu verwandeln – eben genauso wie der Samen, der sich zur Frucht entwickelt.

Das älteste lateinische Buch über die praktische Landwirtschaft *De re rustica* stammt von M. P. Cato dem Älteren (234–149 v. Chr.). Ihm zufolge kam der Weinrebe die wichtigste Rolle zu, gefolgt von Olive, Feige, Birne, Apfel, Mandel, Haselnuss usw. Das zweite Buch der *Georgica* des Vergil (70–19 v. Chr.), kurz vor der Zeitenwende verfasst, beschäftigt sich mit vielen Aspekten der Baumpflege. Die Notwendigkeit für einen planvollen Umgang gab es, weil in den heiligen Wäldern die Eicheln und Beeren zur Neige gegangen waren – vermutlich, weil mehr und mehr Menschen dort sammelten und sie die Schweine dorthin getrieben hatten. Die Jungpflanzen bedurften besonderen Schutzes. Sobald die Stämme gewachsen waren und mit der ihnen gegebenen Kraft dem Himmel entgegenstrebten, konnten die Bäume freilich ihrem Schicksal überlassen werden, benötigten keine weitere Hilfe:

So bringt auch der Wald allenthalben dir seine Gaben.
Ohne Pflege glüht der Strauch, der Vögel Behausung,
Dir von Beeren …

Darstellung des Veredelns auf einem Mosaik in Saint-Romain-en-Gal, Frankreich (200–225 n. Chr.)

Unter den römischen Pflanzenliebhabern kommt Lucius Iunius Moderatus Columella (4–70 n. Chr.) eine besonders wichtige Rolle zu; zu seiner Zeit dürfte der Obstbau des antiken Rom seine höchste Entwicklung erreicht haben. In seinem *Buch eines Unbekannten über Baumzüchtung* erwähnt Columella die Faktoren, unter denen sich Ackerbau und Obstbau so gut entwickeln konnten: kontinuierlicher Klein- und Mittelbesitz, Spezialisierung der Landwirtschaft und Investitionen in dieselbe, Steigerung der Nachfrage durch in den Städten lebende Konsumenten und eine landwirtschaftsfreundliche Politik und Verwaltung des Augustus. Columella macht in seinem Buch recht präzise praktische Angaben zur Anlage von Obstgärten und gibt Hinweise, wann die beste Zeit für das Pflanzen von Feigen-, Mandel-, Kastanien- und Granatapfelbäumen ist. Oder von Birnbäumen:

> Den Birnbaum pflanzt man im Herbst vor dem Mittwinter, und zwar spätestens 25 Tage vor Winterbeginn. Damit er, wenn er herangewachsen ist, reife Frucht trägt, muß man ihn tief räumen und in den Stamm nahe bei der Wurzel einen Spalt treiben, in diesen einen Fichtenkienkeil schieben und darin stecken lassen; danach schaufelt man den Räumgraben wieder zu und streut Asche auf die Erde. Man muß darauf achten, daß man Obstgärten nur mit ganz edlen Birnbäumen besetzt; solche sind die Crustuminer-Birnen, die Königsbirnen, die Signiner, die Tarentiner, die auch syrische heißen, die Purpurbirnen, die Köstlichen, die Gerstenbirnen, die Anicianer, die Naevianer, die Favonianer, die Lateritaner, die Dolabellianer, die Turranianer, die Pfundbirnen, die Honigbirnen, die Frühbirnen, die Venusbirnen und verschiedene andere, deren Aufzählung hier zu umständlich wäre.

So wohlüberlegt Columella hier klingen mag, auch was die Aufzählung der Sorten betrifft, wissen wir nicht, ob sich seine Ratschläge tatsächlich an der Wirklichkeit bewährt haben. In Zusammenhang mit den Veredelungsmethoden lässt er dann noch ausführliche Abschnitte über das Aufpfropfen folgen, die, wie wir heute wissen, nicht den Fakten standhalten, etwa ein Verfahren, »durch das man Reiser jeder Art auf Bäume jeder Art propfen kann«. All das verbindet sich bei ihm mit astrologischen Hinweisen, etwa, dass man alle Veredelungen nur bei zunehmendem Mond vornehmen solle.

Plinius der Ältere (23–79 n. Chr.) ging sogar noch einen Schritt weiter; er beschrieb in seiner 37-bändigen *Historia naturalis* insgesamt 1000 Pflanzen, darunter 39 Sorten Birnen, 23 Sorten Äpfel,

neun Sorten Pflaumen, sieben Sorten Kirschen, fünf Sorten Pfirsiche und sechs Sorten Walnüsse. Spitzenreiter war die Weinrebe mit 71 Sorten. Hatte Columella nur die in Italien bekannten Sorten berücksichtigt, umfassten die von Plinius genannten nun auch die von Griechenland, Gallien, Orient und Spanien. Sogar einen kernlosen Apfel soll es damals gegeben haben (schon viele haben sich daran versucht, gelungen ist es allerdings erst in jüngerer Zeit).

Die Existenz der römischen Gärten lässt sich etwa auf die Zeitspanne vom sechsten Jahrhundert vor Christus bis zum fünften Jahrhundert unserer Zeitrechnung eingrenzen. Sie waren von den jeweiligen klimatischen Bedingungen geprägt – auf der italienischen Halbinsel, in den eroberten Provinzen in Nordafrika, in Kleinasien, auf der Iberischen Halbinsel oder in Mittel- bzw. Westeuropa. Umgekehrt führte die große Ausdehnung des Römischen Reiches dazu, dass im Laufe der Zeit auch fremde Bäume wie Dattelpalmen, Granatapfelbäume, Pflaumen- und Kirschbäume nach Rom eingeführt wurden.

Die Obstgärten wurden in der Nähe der Städte angelegt, von wo die Früchte dann zügig auf die Marktplätze gebracht werden konnten. Offenbar wurden auch schon die Früchte auf den Bäumen versteigert, wie Plinius der Ältere schrieb:

> Das Obst ist kein geringerer Gegenstand der Bewunderung, denn die Früchte mancher Bäume in der Nähe der Stadt werden jährlich zu 2000 Sesterzen verpachtet, und ein Baum bringt jetzt mehr Gewinn als bei den Alten ein ganzes Landgut.

Die Darstellungen von Gärten auf den Wänden von Wohnhäusern in Rom und in den zerstörten Städten am Vesuv vermitteln eine gewisse Vorstellung von ihrer Gestalt, etwa das Fresko aus dem Gartensaal der römischen Villa Livia aus der Zeit um 30 n. Chr., das mehrere Granatapfelsträucher mit teilweise aufgebrochenen Früchten zeigt. Ein weiteres eindrucksvolles Beispiel sind die Wandmalereien der *Casa dei Cubicoli floreali* in Pompeji, die manchmal auch als *Casa del Frutteto* (Haus des Obstgartens) bezeichnet wird. In einem der Cubicula gibt es eine Gartenlandschaft, die neben Oleander und Myrten auch Zitronen- und Kirschbäume aufweist. An anderer Stelle kann man einen Feigenbaum entdecken, an dem sich eine Schlange emporbewegt – offenbar bei dem Versuch, an die reifen Früchte zu gelangen. Auf einigen dieser Fresken gibt es Zäune, Vasen und Skulpturen, deren Überreste man dann im Zuge der Ausgrabungen gefunden hat. Die Wandbilder hatten offenbar die Funktion, die kleinen Gärten optisch größer erscheinen zu lassen und die Illusion einer schönen Aussicht zu erwecken – insofern waren sie einer modernen Fototapete gar nicht so unähnlich. Die etwa einhundert Amphoren, die man dort fand, werden als Hinweis darauf verstanden, dass vor dem Vulkanausbruch im Jahre 79 n. Chr. ein Weinhändler in diesem Haus gewohnt hat.

Die amerikanische Archäologin Wilhelmina F. Jashemski gibt uns eine recht genaue Vorstellung von den Stadtgärten Pompejis. Zu den meisten Häusern gehörte ein Garten, manche hatten sogar drei oder gar vier große Peristylgärten – von Gängen umgebene und mit Säulen bestandene Anlagen. Vor allem ältere Häuser hatten zuweilen Gärten im hinteren Teil, die mit Gemüse, Obst-, Öl- und Nussbäumen und wenigen Weinstöcken bepflanzt waren – eine Trennung in die uns heute geläufigen Zier- und Obstgärten lässt sich also für diese Formen nicht feststellen; sie gingen ineinander über.

Weil das Wetter meist schön war, so führt Jashemski weiter aus, wurde ein wichtiger Teil des Lebens in den Gärten neben den

Ein Blick in die Hausgärten von Pompeji

Häusern verbracht, auf zum Teil von Weinreben umschlungenen gemauerten Triklinien oder Speisebänken wurden die Mahlzeiten eingenommen, Arbeiten wie das Weben von Wolle wurden verrichtet, man erholte sich dort. Die Sonnenuhr half dabei, die Tageszeit zu bestimmen. Skulpturen betonten den göttlichen Naturzusammenhang, etwa im zum Haus des Epheben gehörigen Garten gab es »ein kleines Nymphäum mit einer Brunnenstatue der Pomona, die eine Fruchtschale hielt, aus der Wasser über vier Marmorstufen in ein kleines Becken floss«. In diesen Gärten wurde der Götter gedacht. Knochenfunde belegen zudem die Gegenwart von Wachhunden. Die auf den Wandbildern gezeigten Vögel, unter ihnen Reiher und Fischreiher, dürften ebenfalls in diesen Gärten zu Hause gewesen sein. Das Leben in den Gärten setzte sich nach Sonnenuntergang fort. Die Kühle dieser Gärten und

Plinius der Jüngere

ihrer Säulengänge war an warmen Sommerabenden weitaus anziehender als die heißen, muffigen Zimmer. Anhaltspunkte legen nahe, dass es in mehreren Gärten spezielle Vorrichtungen für nächtliche Beleuchtung gab.

In der Umgebung von Pompeji und Herculaneum, an den Hängen des Vesuv, hat es nicht nur viele Obstgärten und Baumschulen gegeben, sondern auch Märkte, auf denen die Früchte feilgeboten wurden. Jashenski berichtet von einem offenbar kommerziell betriebenen Garten, den sie mit ihrem Team 1974 westlich des Gartens der Flüchtenden in Pompeji entdeckt hat; sie konnte dort Wurzellöcher identifizieren, die darauf hindeuten, dass die Pflanzen reihenweise, meist auf einer Nord-Süd-Achse, angeordnet waren.

Nördlich von diesem Obstgarten befand sich eine Zisterne, in der vermutlich Regenwasser vom Dach des Hauses aufgefangen wurde. Der Pfad, der durch den Garten zu einer durch Äste von drei großen Bäumen beschatteten Speisezone führte, könnte auch die Funktion eines Bewässerungskanals gehabt haben. Sogar ein gemauerter Altar wurde gefunden – ein archäologischer Beweis dafür, dass in diesem Garten auch Opfer gebracht wurden, vermutlich Brand- und Schlachtopfer. Die dort gefundenen Knochen und Schalen (von Rindern, Schweinen, Ziegen oder Schafen bzw. Schnecken) belegen die letzten Mahlzeiten, die in diesem Obstgarten kurz vor dem Vulkanausbruch eingenommen wurden. Den Gottheiten wurden auf dem Altar verbrannte Innereien dargeboten. Auch die Zusammensetzung des Bodens war durchdacht: Einerseits war organisches Material über den Garten verteilt worden, um die Fruchtbarkeit sicherzustellen, andererseits sorgte Bimsstein dafür, dass Feuchtigkeit gespeichert wurde und den Pflanzen kontinuierlich zur Verfügung stand.

Außergewöhnliche Einblicke in das Gartenleben der altrömischen Zeit erlaubt uns Plinius der Jüngere, der als Anwalt und Senator in Rom tätig war und immer wieder Erholung in einer seiner Villen außerhalb der Stadt suchte. Plinius unterhielt mehrere Villen, darunter auch einen Landhausgarten am Meer, in der Nähe von Ostia in Laurentum, wohin er sich regelmäßig von seiner Arbeit zurückziehen konnte. Es handelte sich um eine *villa rustica*, ein ländliches Anwesen, und das schloss üblicherweise ein, dass auf deren Gelände Gemüse, Obst, Wein und Oliven angebaut wurden. So schrieb er in einem Brief an seinen Freund Gallus:

> Längs der Innenseite der Promenade schließt sich ein junger, schattiger Weinlaubengang an, auch für bloße Füße weich und elastisch. Im Garten wachsen zahlreiche Feigen- und Maulbeerbäume; für sie ist jener Boden besonders fruchtbar, während er für andere Bäume ziemlich ungünstig ist. Diese Aussicht, die nicht weniger schön ist als der Blick aufs Meer, genießt man aus dem Speisesaal, der vom Meer abgewandt ist. Nach hinten wird er von zwei Zimmern abgeschlossen, unter deren Fenstern die Vorhalle des Landhauses und ein ertragreicher, ländlicher Küchengarten liegen.

Bei der Anlage wurde sehr darauf geachtet, sie bei jedem Wetter nutzen und sich vor Wind schützen zu können. Man legte Wert darauf, die Toga abzulegen, um sich ungezwungener bewegen zu können. Zu den anderen Villen, die Plinius besaß, gehörte eine Villa bei Tusculum in der Toskana. In einem Brief an seinen Bekannten, den römischen Senator Domitius Apollinaris, beschrieb Plinius den Wechsel von verschiedenen Elementen, die mal wie künstlerische Objekte beschaffen waren, mal die Unregelmäßigkeit der Natur spiegelten:

> Dort stößt man auf eine kleine Wiese, hier auf den Buchsbaum selbst, der in 1000 Formen geschnitten ist, bisweilen in Buchstaben, die bald den Namen des Herrn, bald den Namen des Künstlers angeben: Abwechselnd erheben sich kleine Pyramiden, abwechselnd sind Obstbäume eingefügt, und in dieser ganz großstädtischen Anlage findet sich plötzlich eine Nachbildung eines gleichsam hierhin verpflanzten ländlichen Bildes.

Es waren also nicht Obstgärten im engeren, heutigen Sinne, sondern Anlagen, in denen eine Vielzahl von Pflanzen gedieh. Manchmal heißt es, dass Italien schon zu dieser Zeit »ein einziger riesiger Obstgarten« gewesen sei. Aber so hoch der Anbau auch entwickelt war, dürfte es sich dabei um eine gehörige Übertreibung handeln.

Was geschah mit den Früchten? Einige wurden frisch verzehrt, andere weiterverarbeitet. Aus Trauben wurde Wein hergestellt, Nüsse wurden getrocknet, und, wie aus den Aufzeichnungen des römischen Polyhistors Marcus Terentius Varro (116–27 v. Chr.) hervorgeht, war die Lagerung von Äpfeln zu dieser Zeit schon gut durchdacht:

> Man glaubt, dass sich alle Äpfel gut an trockenen und kühlen Orten auf Stroh lagern lassen. Aus diesem Grund achtet man beim Bau von Obsthäusern darauf, dass deren Fenster nach Norden weisen und dass Wind hineinströmen kann; sie haben jedoch Läden, damit die Früchte nicht runzlig werden, nachdem sie ihren Saft verloren haben, falls der Wind anhaltend weht. Und aus demselben Grund – um es kühler zu machen – beschichtet man die Decken, Mauen und Böden mit Marmorzement.

Auch Oliven waren ein sorgsam geerntetes und verarbeitetes Erzeugnis: Seit jeher dürften die Früchte mit langen Stangen von den Bäumen heruntergeschlagen und in Körben eingesammelt worden sein. Nur der kleinere Teil der Ernte wurde für Tafeloliven verwendet. Die meisten der geernteten Oliven brachte man zu einer Ölpresse, wo sie mit Hilfe eines großen, sich drehenden Steins zerrieben und ausgepresst wurden. Das gewonnene Öl wurde von der Presse direkt in eine in den Boden eingelassene Zisterne geleitet, von wo man es dann in Tonkrüge abfüllte.

Unternehmen wir einen kurzen Abstecher in die Mitte und den Nordwesten Europas vor der Eroberung durch die Römer. Ausgrabungen von jungsteinzeitlichen Pfahlbaudörfern aus der Zeit um 3500 bis 2200 v. Chr. am Bodensee und in der weiteren Region von Nordschweiz und Oberösterreich belegen, dass es damals schon Äpfel, Birnen, Pflaumen und Süßkirschen gab, auch Haselnüsse und vereinzelt Walnüsse. Auf eine tatsächliche Obstkultur lässt sich daraus allerdings nicht schließen. Zwar ist denkbar, dass Sämlinge gezielt im Umfeld der Behausungen gesetzt wurden, aber Veredelungsmethoden und Baumschnitt dürften seinerzeit noch nicht bekannt gewesen sein. Funde von dicken Schichten ausgepresster Apfelschalen lassen vermuten, dass die alten Germanier schon in der Lage gewesen sind, Gärmost zu bereiten. Und die archäologischen Funde auf der Britischen Insel aus vorrömischen Zeiten beschränken sich auf wilde Himbeeren (in der Nähe von Stonehenge und in Shippea Hill, Cambridgeshire), Sauerkirschen aus dem Neolithikum und der Mittleren Bronzezeit (Notgrove Long Barrow, Gloucestershire and in Haugh Head, Northumberland) und Holzapfelkerne, ebenfalls aus dem Neolithikum, in Windmill Hill in Wiltshire – Früchte, die zwar geerntet, aber eben nicht kultiviert wurden.

Das Klima war nicht gerade prädestiniert für den Anbau von Obstbäumen. Bei ihrer Ankunft bemerkten die Römer zwar die grauen, klammen Verhältnisse, aber sie schätzten auch die längeren

Tage der nördlicheren Breiten, die für den Obstanbau vielversprechend erschienen. Bereitwillig brachten sie ihre Erfahrung aus dem Süden mit an die trostloseren britischen Gestade.

Tacitus schrieb:

> Das Klima ist wegen häufiger Regenfälle und Nebel abscheulich; rauhe Fröste fehlen allerdings. Die Länge der Tage übertrifft das Maß unserer Breiten. … Der Boden trägt außer Ölbaum, Weinstock und dem, was sonst in wärmeren Ländern wächst, Feldfrüchte, er ist sogar fruchtbar. Langsam werden sie reif, schnell schießen sie hoch. Beides ist auf die gleiche Ursache zurückzuführen, nämlich auf viel Feuchtigkeit im Boden und in der Luft.

Forscher haben die Überreste von sieben römisch-britischen Weinbergen identifiziert: vier in Northamptonshire, einen in Cambridgeshire, einen in Lincolnshire und einen in Buckinghamshire. Die meisten dort produzierten Weine waren wahrscheinlich fruchtig, süß und von bräunlicher Farbe. Die Trauben wurden wohl früh geerntet, noch ehe sie völlig reif waren; etwa Ende September. Nach dem Stampfen der Trauben wurden große Mengen Honig zum Süßen hinzugegeben, sodass sich ein Alkoholgehalt von rund zehn bis zwölf Prozent ergab. Anschließend gor der Wein in Amphoren oder Fässern gelagert weiter und wurde innerhalb von sechs Monaten getrunken. Wein aus frischen Weinbeeren – im Gegensatz zu solchem aus Rosinen – war also ein Winter- und Frühlingsgetränk. Eines der Hauptweinbaugebiete des römischen Britannien war offenbar das Tal des River Nene in der heutigen Grafschaft Northamptonshire. Nahe dem dortigen Dorf Wollaston haben Archäologen auf einem Gebiet von mehr als zwölf Hektar alte Weinberge entdeckt, in denen Reben in genau derselben mediterran-römischen Weise gezogen wurden, die Autoren der Antike wie Plinius und Columella beschreiben. An einer Ausgrabungsstätte wurden die Überreste von Pflanzgräben gefunden. Schätzungen zufolge wuchsen auf dem Gelände 4000 Weinstöcke, die pro Jahr 10 000 Liter Wein hervorbrachten.

Das gilt auch für Früchte, die aus Rom gebracht wurden oder aus anderen Teilen Europas stammten. Belege für den Transfer römischer Gartenkultur (nicht speziell Obstkultur) auf die Britische Insel

Bacchus war der römische Gott des Weins, des Obstes und der Landwirtschaft und die Entsprechung von Dionysos im antiken Griechenland (16. Jahrhundert)

Römisches Mosaik mit christusähnlicher Figur und zwei Granatäpfeln, Hinton St. Mary, Dorset

haben Archäologen unter anderem in Fishbourne, West Sussex, gefunden. Dort liegen auch die Überreste einer der größten römischen Villen nördlich der Alpen. Hauptattraktion sind die eindrucksvollen Bodenmosaike. Inwieweit die zum Teil rekonstruierten Gärten auch Obstbäume beherbergten, lässt sich jedoch nicht feststellen. Angesichts des hochentwickelten Obstbaus zu dieser Zeit ist jedoch davon auszugehen, dass dort mit dem Anbau zumindest experimentiert wurde – wenn auch unter wärmeren Temperaturen gedeihende Arten es trotz des seinerzeit besonders milden südenglischen Klimas schwer gehabt haben dürfen.

Auch wenn Früchte wie Äpfel und Birnen von Tacitus nicht ausdrücklich genannt werden, kann man davon ausgehen, dass sie dort schon angebaut wurden. Vermutlich reicht auch der erste der berühmten Obstgärten von Kent in die Zeit der römischen Besatzung zurück. Die in Silchester gefundenen Maulbeersamen müssen ebenfalls von eingeführten Pflanzen herrühren, da diese in Großbritannien nicht heimisch waren. Das gilt auch für die Esskastanie und die Walnuss. In jedem Fall haben die Römer wie überall in ihrem Reich auch auf der britischen Insel ihre Spuren hinterlassen; der Bestand an Pflanzen, der von nun an seine eigene Entwicklung nahm, war ein anderer geworden. Mit dem Untergang des Römischen Imperiums ging das Wissen um den Obstbau und das Veredeln zunächst vielerorts verloren. Aber schon wenige Jahrhunderte später wurde es wiederentdeckt, und so sollte sich der Austausch von Pflanzen zwischen den Ländern Europas unter ganz anderen Bedingungen fortsetzen: in den Klöstern.

FRÜHE PARADIESE

Die legendären mittelalterlichen Klostergärten wurden von katholischen Ordensgemeinschaften – insbesondere den Benediktinern – in der Zeit vom 6. bis 15. Jahrhundert in Mitteleuropa und auf der Britischen Insel angelegt. Sie hatten die Aufgabe, die unabhängig wirtschaftenden Klostergemeinschaften mit Obst, Gemüse und Kräutern für Speisen und Arzneien zu versorgen.

Um die Bedeutung dieser Nahrungsmittel für die Klöster zu verstehen, sollte man bedenken, dass sich die frühen Ordensgemeinschaften überwiegend vegetarisch ernährten. Milch, Eier und Käse waren außerhalb der Fastenzeit erlaubt, Fisch während der Fastenzeit – in vielen Klöstern waren Fischteiche, vor allem mit Karpfen, angelegt. Entscheidend war der Verzicht auf das Fleisch von Vierfüßern. Zeitgenössische Kochbücher wie das legendäre, 1460 erschienene *Liber de arte coquinaria* des im Tessin geborenen italienischen Küchenmeisters Maestro Martino belegen, dass frisches Obst kaum gereicht wurde, üblich war lange Zeit die Weiterverarbeitung der Früchte durch Braten und Kochen. Aber wer will schon genau wissen, ob hier und da nicht auch einmal frisches Obst vom Baum genascht wurde!?

Im legendären Paradies gab es weder einen Wechsel der Jahreszeiten, noch war mühevolle Gartenarbeit zu erledigen. Alles gedieh prächtig und wie von selbst. In der Wirklichkeit war das natürlich ganz anders. Die romantische Vorstellung von Nonnen und Mönchen, die in stiller Eintracht mit der Natur in von Steinwällen umgebenen Klostergärten arbeiten, dürfte sich vor allem

Jungfrau und Kind unter einem Apfelbaum,
Lucas Cranach der Ältere (ca. 1530)

mit der Zeit des frühen Mittelalters decken, als die Anlagen noch vergleichweise klein und überschaubar waren. Mit dem Wachstum der Klöster zu Wirtschaftsunternehmen, die ihre Produkte nicht mehr nur für den Eigenbedarf herstellten, sondern auch für die zahlungskräftigen weltlichen Bürger, mussten dann auch zusätzlich Gärtner eingestellt werden. Über die im zwölften Jahrhundert gegründete Zisterzienserabtei Pforta in Sachsen-Anhalt zum Beispiel ist bekannt, dass es dort einen besonderen Gärtnermeister gab, der für den Obstgarten zuständig war. Da viele Ordensbrüder und -schwestern adeliger Herkunft waren und Privilegien hatten, die auch im Kloster nicht automatisch aufgehoben waren, und der benediktinischen Maxime *ora et labora* folgend ein großer Teil des Tages für die Geistlichen mit dem Beten und Lesen ausgefüllt war, wurde die wirklich körperlich harte Arbeit oft von Angestellten verrichtet. Die Verwaltung der Güter oblag jedoch immer den Ordensmitgliedern.

Genauere Hinweise für die Gestalt der mittelalterlichen Anlagen gibt uns der wahrscheinlich im Jahr 816 gezeichnete große Plan eines Benediktinerklosters, der die Jahrhunderte in der Bibliothek des schweizerischen St. Gallen überdauert hat, dort um das Jahr 1604 von Gelehrten entdeckt, aber erst ab der Mitte des 19. Jahrhunderts genauer unter die Lupe genommen wurde.

Auch wenn die Umstände der Entstehung des Plans nicht geklärt sind und es sich womöglich nur um einen Entwurf handelt, der nicht realisiert wurde, erlaubt er doch wertvolle Aufschlüsse über den Aufbau eines Klosters. Neben den diversen Gebäudeteilen sind ein *herbularius*, ein Garten mit Heilkräutern, ein *hortus*, der Gemüsegarten, und ein *pomarius*, der Obstgarten, verzeichnet. Ein aus heutiger Sicht vielleicht etwas irritierendes Detail ist, dass Letzterer gleichzeitig auch als Friedhof diente. Ein Zufall ist es dennoch ganz sicher nicht, denn die Obstbäume, die mit ihrem Rhythmus von Winterruhe, Blüte und Fruchtentwicklung eine Analogie zum Lebenslauf der Menschen bieten, wurden zugleich als Sinnbild der

Obstgarten der Benediktinnerinabei St. Walburg, Eichstätt

Auferstehung begriffen. Gerne soll man sich im Mittelalter von dem Wunder erzählt haben, das geschah, als man einem toten Baumstamm ein Reis aufpropfte, wodurch der Baum wieder zum Leben erweckt wurde.

Auf dem Plan von St. Gallen sind die Gräber der Mönche in Reihen angeordnet, sie orientieren sich symmetrisch an dem in der Mitte errichteten Hochkreuz. Die Inschrift liest sich wie folgt: »Rings um das Kreuz ruhen die toten Leiber der Brüder, glänzt es in ewigem Schein, stehen zum Leben sie auf.« Am Kreuz, dem Symbol der Erlösung, ist verzeichnet: »Unter den Bäumen der Erde ist das Kreuz der heiligste, da an ihm die Früchte des ewigen Heils duften.«

Die Bäume werden als sorgfältig gezeichnete Rankenornamente angedeutet, aber in ihrer ganzen Vielfalt auch konkret benannt:

»mal« – Apfel, »perarius« – Birne, »prunarius« – Pflaume, »mispolarius« – Mispel, »castenarius« – Kastanie, »persicus« – Pfirsich, »avellenarius« – Haselnuss, »nugarius« – Walnuss, »murarius« – Maulbeere, »guduniarius« – Quitte, »amendelarius« – Mandel, »laurus« – Lorbeer, »sorbarius« – Eberesche, »ficus« – Feige, »pinus« – Pinie. Äpfel, Birnen und Quitten wurden am häufigsten angebaut.

Wie sah das Leben dort aus? Zum Glück sind die Aufzeichnungen des Benediktiners, Botanikers und Schriftstellers der karolingischen Zeit Walahfridus (808–849), auch »Strabo« genannt (weil er geschielt haben soll), erhalten geblieben. Schon als Knabe kam er in das auf einer Insel im Bodensee in der Nähe von Konstanz gelegene Kloster Reichenau, wo er später ein Jahrzehnt lang das Amt des Abtes bekleidete. Im *Hortulus (Liber de cultura hortorum)*, dem Gedicht vom Gartenbau, einem der ersten botanischen Werke überhaupt, schrieb er seinem Lehrer Pater Grimaldus:

> Wenn du dann im Geheg deines bescheidenen Gartens unter schattigen Obstbäumen mit laubigen Wipfeln sitzest, wo der Pfirsich mit ungleichen Schatten seine Krone teilt und spielende Knaben, deine fröhlichen Schüler, das weißliche, zart flaumige Obst auflesen, dir die riesigen Früchte in die mächtigen Hände legen und die großen Pfirsiche mit den Händen zu umgreifen versuchen, dann sollst du, gütiger Vater, etwas haben, was dich an mein Bemühen erinnert.

Und welche Sorten wurden dort angebaut? Die Apfelsorten, die im *Capitulare de Villis*, den Kapitularien der Landgüterverordnung Karls des Großen, aufgezählt werden, gibt es heute nicht mehr. Sie wurden weitergezüchtet, und ihre Spuren haben sich im Sande verlaufen. Anders im Fall der grauen französischen Renette: Sie gilt als eine frühe Form der bis heute angebauten Renettenäpfel. Ihre Kultivierung lässt sich zu dem im 12. Jahrhundert gegründeten Zisterzensierkloster Morimond im Nordosten Frankreichs verfolgen. Die genannte Verordnung sollte übrigens sicherstellen, dass es sowohl süße als auch saure Äpfel gab, und solche, die für den kurzfristigen Verzehr bestimmt waren, als auch solche, die länger haltbar und lagerfähig waren.

Wie wir oben gesehen haben, wurden auf dem Plan von St. Gallen Feigenbäume genannt, die traditionell im Mittelmeerraum beheimatet sind. Wie wahrscheinlich ist es, dass südlichere Gewächse auch in mitteleuropäischen Klöstern angebaut wurden? Obwohl die Mittelalterliche Klimaanomalie, die sich global ausgewirkt hat, eigentlich nur vom Jahr 900 bis zum Jahr 1300 gedauert hat, sollen die Franziskanermönche des Klosters von Dresden in Sachsen auch noch im direkt darauf folgenden 15. Jahrhundert in ihrem Garten Feigenbäume gehabt haben. Es heißt, der Herzog Albrecht habe sie von seiner Pilger- und Meerfahrt ins Heilige Land, die er 1476 unternommen hatte, mitgebracht. Auch einige Zitrussorten waren bereits im Mittelalter bekannt, sodass es sie möglicherweise auch schon in den Klöstergärten gegeben hat. Der Universalgelehrte und Dominikaner Albertus Magnus (ca. 1200–1280), der an der Universität studiert hatte, erwähnte in seinem im 13. Jahrhundert erschienenen Buch über die Früchte die Blüten und den Duft von Zitronatzitrone *(Citrus medica var. Cedro)* sowie Bitterorange *(Citrus aurantium)*.

Aus manchen alten Berichten geht hervor, dass die Mauern der Klöster zuweilen von einem Ring aus Baumgärten umzogen waren. Die Zisterziensier betrachteten die Schaffung von Neuland in der Umgebung der Klöster als besondere Aufgabe und stellten dabei eine herausragende Kompetenz unter Beweis. Es war Teil ihres Arbeitsethos.

Unter den vielen Illustrationen der Bibel des König Wenzel, die am Ende des 14. Jahrhunderts in Prag entstanden sind, gibt es ein Bild, das uns eine Ahnung davon vermittelt, wie solch ein außerhalb gelegener, abgeschlossener Obstgarten ausgesehen haben könnte: Hinter einem runden, aus Reisig geflochtenen Zaun, der von einem kleinen, überdachten Eingang unterbrochen wird, befindet sich etwa ein Dutzend zum Teil reichlich früchtetragende Bäume bzw. Sträucher, mit denen sich neun Menschen beschäftigen. Einige sind mit dem Pflücken oder Aufsammeln der Früchte beschäftigt, während einer einen Baum zu umarmen scheint, was bedeuten könnte, dass er ihn schüttelt. Das älteste Bild eines klösterlichen Gartens auf der britischen Insel findet sich auf dem Plan von Christ Church, Canterbury, und wurde um das Jahr 1165 angefertigt. Im Abschnitt »pomerium« zeigt es zwei Gärten mit nicht eindeutig zuzuordnenden, von Früchten behangenen Bäumen.

Umzäunter Obstgarten aus der Wenzelsbibel (spätes 14. Jh.)

Eine Besonderheit gibt es noch für die Kartäuser zu erwähnen. Bei ihnen war es nämlich üblich, dass jeder Mönch einen individuellen, bis zu einhundert Quadratmeter großen Garten bewirtschaften durfte, wobei die Auswahl der Pflanzen ganz nach dem jeweiligem Gutdünken erfolgte. Eine Holz- oder Steinrinne stellte die Wasserversorgung sicher. Die einzige Beschränkung bestand darin, dass die in der Gartenzelle wachsenden Bäume nicht so hoch wachsen durften, dass sie den benachbarten Gärten die Sonnenstrahlen verwehrten!

Auf dem Plan von St. Gallen sind auch Bienenstöcke vermerkt. Sie waren vermutlich schon lange Teil der Klostergärten, halfen sie doch nicht nur bei der Bestäubung der Pflanzen, sondern lieferten auch Wachs für die Kerzen und Honig für das Süßen der Speisen. Ein deutlicher Hinweis auf das geradezu symbiotische Verhältnis von Obstgärten und Bienenschwärmen.

Unabhängig davon, welchem Orden sie angehörten: Wie kann man sich die Atmosphäre in solchen Gartenanlagen vorstellen? Wichtig für die Entwicklung der Orden war das frühchristliche Eremitenwesen, dem der Geist der Kontemplation ganz zentral war. Die Stille und relative Abgeschiedenheit in den Klostergärten ließ Blüten und Düfte dort besonders eindringlich wirken.

In *Vitae patrum* des fränkischen Geschichtsschreibers Gregor von Tours, das um 580 verfasst wurde, findet sich ein Hinweis auf einen klösterlichen Garten, in dem nicht nur gearbeitet wurde, sondern in dem sich die Mönche gerne unter den Bäumen aufhielten.

> Es gab einen Garten für die Mönche, reich an allerlei Gemüsen und Obstbaumen; er war schön anzusehen und erfreulich fruchtbar. Oft saß der gesegnete alte Mann im Schatten seiner Bäume, und ihre Blätter flüsterten im Winde.

Man las die Werke antiker Autoren wie Vergil und Ovid und deutete sie dabei im Sinne der eigenen, christlich geprägten Vorstellungen um. Schon Platon, Epikur und Theophrast hatten sich mit ihren Schülern in Gärten getroffen, um miteinander zu philosophieren – eine Tradition, die in den Klostergärten fortgesetzt wurde. Die Lektüre der alten Natur- und Gartenbeschreibungen wirkte sich darauf aus, wie die Nonnen und Mönche die Pflanzenwelt um sich herum betrachteten.

Aufzeichnungen aus dem 15. Jahrhundert verdeutlichen einen

weiteren Nutzen, den Obstgärten haben konnten, in diesem Fall für die kranken Mönche von Clairvaux – lange vor den Anfängen der modernen Medizin:

> In diesem Gehege bilden viele Bäume allerlei Art, reich an verschiedenen Früchten, einen Obstgarten wie einen Hain, der, in der Nähe der Krankenzellen gelegen, den Brüdern in ihrer Schwachheit nicht geringen Trost gewährt, da er den Spaziergängern einen geräumigen Wandelraum und auch den Fieberkranken eine süße Ruhestatt bietet. Es sitzt der Kranke auf grünem Rasen unter dem Laub der Bäume, und zum Trost duftet seiner Nase der Kräutergarten entgegen. Das liebliche Grün der Kräuter und die Blumen sind seine Augenweide, und all die Wonne, die vor ihm hängt und wächst, so daß er nicht zu Unrecht sagen darf, ich sitze unter dem Schatten des ich begehre.

Die Bedeutung der Klöster für den weiteren Fortschritt auf dem Gebiet der Pflanzenkultivierung ist nicht zu unterschätzen. Es entstanden bessere Obstsorten, und auch traditionell eher im Süden Europas beheimatete Pflanzen wurden systematisch eingeführt und verbreitet, denn es ist bekannt, dass zwischen den Klöstern ein reger Austausch von Informationen und nützlichen Gewächsen herrschte. Nicht zuletzt war es auch in den Klöstern, wo Erd- und Himbeeren zuerst kultiviert wurden; bis dahin waren sie in den Wäldern gesammelt worden.

Für Aufsehen sorgte vor wenigen Jahren die Meldung über eine Ausgrabung französischer Archäologen, die es sich zum Ziel setzte, die Geschichte der beinahe 700 Jahre alten Papstgärten von Avignon zu rekonstruieren – zwischen 1309 und 1376 hatten sieben Päpste ihren Sitz dort, weil es kriegerische Auseinandersetzungen in Italien gab und das Papsttum unter den Machteinfluss des französischen Königs gekommen war.

Der erste Garten, den Papst Benedikt XII. anlegen ließ, wird auf das Jahr 1335 datiert. Dieser verlief entlang der Ostseite des spätgotischen Palastes, war von einem parallel errichteten Wall eingefasst und umspannte rund 2000 Quadratmeter. Zu den Spuren, die die Forschergruppe um Anne Allimant-Verdillon analysiert hat, zählen neben den Samen und Pflanzenresten diverser Gemüsesorten auch die von Obstpflanzen: Weinreben sowie Apfelsinenbäumchen, die in Keramiktöpfen kultiviert wurden. Die nachfolgenden Päpste

Bienenkörbe aus dem »Tacuinum Sanitatis« (spätes 14. Jh.)

Gartenszene aus einer Ausgabe des Rosenromans (15. Jh.)

haben die Gärten ihrem jeweiligen Geschmack angepasst. Es gab an Spalieren hochwachsende Weinreben, Zierbäume, sogar Gartenlauben und Ruhebänke, und die Menschen, die sich in dieser Atmosphäre bewegten und sie genossen haben, kann man sich dort leicht hinzudenken.

Gärtner sind für die Pflege der Anlagen verantwortlich gewesen, und sowohl männliche als auch weibliche Gehilfen haben einfache

Arbeiten wie das Jäten von Unkraut und Einsammeln von Schnecken und anderen Schädlingen besorgt – der Garten war damit der einzige Bereich des Palastes, in dem Frauen tätig sein durften. Nachdem der Papstsitz 1376 wieder nach Rom zurückverlegt worden war, der damalige Papst Gregor XI. zu einer Rückkehr dorthin überzeugt werden konnte, verfielen die Gärten schnell. Die Gestalter, die heute mit der Aufgabe betraut sind, diese Palastgärten wieder mit Leben zu füllen, tragen sich mit der Hoffnung, dass noch in den alten Erdschichten aus dem 14. Jahrhundert geborgene Samen wieder keimen.

Das bringt uns direkt zu einer anderen Frage: Kann man einen Klostergarten wieder so auferstehen lassen, wie er einmal gewesen ist? Nun dürfte kaum jemand auf die Idee kommen, den Plan von St. Gallen als Grundlage zu benutzen. In einer über zwanzig Jahre alten Ausgabe der Zeitschrift *The Garden* habe ich von solch einem Versuch gelesen und freute mich dann, über weitere Recherchen herauszufinden, dass er bis heute existiert.

Die Geschichte geht so: Im Jahre 1991 stießen die beiden Pariser Architekt:innen Sonia Lesot und Patrice Taravella auf das verlassene Priorat Notre Dame d'Orsan, das als relativ bescheidenes Anwesen einmal zur Abtei von Fontevrault im Loire-Tal gehört hatte. Es war 1107 von einem gewissen Robert d'Arbrissel gegründet worden. Die streng wirkenden Gebäude mit ihren hohen, roten Ziegeldächern, welche die drei Seiten des Hofes bilden und deren Existenz bis ins 12. Jahrhundert zurückreicht, waren heruntergekommen, die Schweine- und Hühnerställe und Schuppen zerfallen. Sie erwarben nicht nur das Gut, sondern vierzig Hektar Wald und Wiese gleich dazu. Die ersten Jahre hatten sie alle Hände voll zu tun, den Schutt abzutransportieren, aufzuräumen und für alles Weitere vorzubereiten. Sie waren nun aber nicht so naiv zu glauben, dass sie das Ganze historisch präzise wieder herrichten könnten. Schließlich wussten sie nicht einmal genau, wie es ursprünglich genau ausgesehen hatte.

Bei der Rekonstruktion haben sich Sonia Lesot und Patrice Taravella von mittelalterlichen Miniaturen, Wandteppichen und Texten inspirieren lassen. Dabei waren ein paar grundsätzliche Entscheidungen notwendig: Wann immer es möglich war, kam Holz als bevorzugtes Baumaterial zum Einsatz. Der Boden sollte wie früher mit einfachen Gerätschaften per Hand bearbeitet werden. Für die Düngung wollten sie auf traditionelle Substanzen zurückgreifen: Mist, pulverisiertes Horn sowie getrocknetes Blut. »Bordeauxbrühe«, eine Suspension von Kupfersulfatlösung mit gebranntem Kalk, würde als Fungizid benutzt werden, obwohl es genau genommen erst im 19. Jahrhundert erfunden wurde. Für die Bewässerung der Gärten wählten sie ein modernes System, um mehr Zeit für die eigentlichen Pflanzen aufwenden zu können.

Wie in den wirklichen Klostergärten macht Obst in seiner Vielfalt nur einen, wenn auch wichtigen Teil des gesamten vegetabilen Lebens aus. Der Küchengarten ist ein Labyrinth aus gestalteten Pflaumenhecken, das den Weg nach Jerusalem darstellen soll. Um im Spätsommer zu unterschiedlichen Zeiten reife Früchte zu bekommen, wurden vier verschiedene Sorten (die sich auf insgesamt 70 Bäume verteilen) ausgewählt: »Sainte-Catherine«, »Mirabelle de Nancy«, »Reine-Claude dorée«, »Quetsche d'Alsace«. Die Mauern der Nebengebäude sind mit Apfel- und Birnenbäumen, die U-förmig gestaltet sind, bedeckt: unter ihnen sind »Transparente des Croncels«, »Reinette du Mans«, »Calville blanche« – allesamt Kulturobstsorten, die es vor 800 Jahren noch nicht gab. Des Weiteren kann man eine kleine Weinbaufläche finden: über Zäune aus Kastanienholz gezogene Reben der Sorte Chenin blanc, deren Trauben in manchen Jahren einen Wein ergeben, dessen Aroma an Honig erinnert. Der eigentliche Obstgarten wurde im Nordosten angelegt, wo noch drei, ansonsten nur von Weideland umgebene Birnbäume standen. Bäume von 23 Apfelsorten wurden im Muster eines Quincunx, also in fünf gleichmäßig angeordneten Punkten – wie bei der Darstellung der Zahl Fünf auf einem

Würfel – angelegt, damit bietet sich ein schöner Blick in verschiedene Richtungen.

Der römische Rhetoriker des 1. Jahrhunderts Quintilian beschreibt einen Quincunx in seiner ca. 95 n. Chr.. veröffentlichten *Institutio Oratoria*:

> Was ist schöner als ein Quincunx, der, gleich aus welcher Richtung betrachtet, stets gerade Linien bietet? … Soll man dann nicht, so mag man fragen, auch beim Pflanzen von Obstbäumen auf Schönheit achten? Zweifellos; ich sollte meine Bäume in einer bestimmten Form anordnen und gleichmäßige Abstände zwischen ihnen einhalten.

Er hält die Anpflanzung der Bäume in einem regelmäßigen Muster auch dem Wachstum und Wohlergehen für zuträglich, »denn dann zieht jeder von ihnen einen gleichen Anteil der Säfte des Bodens zu sich«.

Beerensträucher säumen den Weg, der das Kloster vom Obstgarten trennt. Und im Kräutergarten gibt es zwei während der Wintermonate bedeckte Olivenbäume, die Besuchern etwas Schatten bieten. Orangenbäumchen findet man auch, wenn man sich genauer umsieht.

Die Abtei wurde aus Ruinen erbaut. Dank der Anstrengungen von Sonia Lesot und Patrice Taravella und dem Chefgärtner Gilles Guillot können wir erahnen, wie die Mönche den Ort empfunden haben. Das Priorat Notre Dame d'Orsan ist eine Erinnerung an die Zeit, als die Menschen sich in ihrem Handeln und Denken noch von Gott und der Natur leiten ließen. Und ein Rätsel umgibt den Garten. Vor seinem Tod verfügte der Gründer des Priorats, dass sein Leichnam in einer Kathedrale beigesetzt werden solle, nicht aber sein Herz, dies sollte in Orsan bleiben. Wo ist er wohl begraben worden?

Eine interessante Rekonstruktion eines mittelalterlichen Klosters ist auch das Cloisters im nördlichen Teil Manhattans, wo es seine

Um 1530 schuf Lucas Cranach der Ältere dieses Bild einer idealen Welt – Ausschnitt aus »Das goldene Zeitalter«

Heimat in einem Parkgelände auf einem kleinen Hügel oberhalb des Hudson-Flusses gefunden hat. Die baulichen Elemente des im Jahre 1938 eröffneten Komplexes wurden aus französischen Anlagen zusammengetragen. Im Bonnefont-Cloisters-Garten werden unter anderem Wein, Birnen und Quitten angebaut. Wie für die anderen Anlagen, die es heute gibt, gilt, dass es sich nur um eine Annäherung an die historischen Vorbilder handelt. Und wir werden erneut daran erinnert, dass sich aus den Peristylgärten der Römerzeit die Klostergärten entwickelt haben, deren Säulen die sie umgebenden Dächer stützten.

Wertvolle Einsichten in die Kultivierung und das Verständnis von diversen Pflanzen und Bäumen im späten 14. Jahrhundert, also noch vor dem Beginn der modernen Wissenschaft, bietet das Hausbuch der Cerruti, eine mit gut 200 Miniaturen versehene Handschrift, die auch unter dem Namen *Tacuinum Sanitatis* bekannt ist. Der Charakter des Dokuments, ein Beispiel für die veronesische Buchkunst aus dieser Zeit, ist aus heutiger Perspektive gar nicht so leicht auf einen schlüssigen Begriff zu bringen, geht es doch von einem sehr umfassenden Verständnis von Gesundheit und Diätetik aus, das uns heute fremd erscheinen muss. Das in dem Buch gespeicherte Wissen verweist dabei auf eine viel weiter zurückliegende Kulturepoche, denn es hatte sich aus der Tradition der arabischen Heilkunde entwickelt, die sich ihrerseits auf die klassische Heilkunde der Antike berief, wie sie unter anderem von Dioskurides und Galenus praktiziert wurde. Dafür wurden auch die Gedanken des zu Beginn des 11. Jahrhunderts in Bagdad geborenen christlichen Arztes Ibn Butlan aufgegriffen.

Die insgesamt 206 Darstellungen, die vermutlich auf den Mailänder Künstler Giovannino de' Grassi zurückgehen, illustrieren die Sitten und Gebräuche der Menschen im Norditalien des späten 14. Jahrhunderts. All das ist festgemacht an bestimmten Bäumen und Pflanzen, aber auch Tieren, Gewürzen, Wasserarten, sogar

Winden. Immer wird die Darstellung mit bestimmten Empfehlungen verbunden. Auch wenn diese aus heutiger Sicht als überholt gelten müssen, liefern sie wertvolle Hinweise auf das Naturverständnis in der damaligen Zeit.

Auch wenn keine vollständigen Obstgärten gezeigt werden, kann man die Bilder als Ausschnitte eines größeren Ganzen verstehen. Die Miniaturen sind nach Jahreszeiten gegliedert. So wird zum Beispiel die Abbildung zur Birne – *Pira* – von dem folgenden Text begleitet:

> Die genügend gereiften und wohlriechenden [Birnen] erzeugen kaltes Blut und sind somit für warme Konstitutionen, zur Sommerszeit und in südlichen Gebieten angebracht. Sie wirken heilsam bei schwachem Magen, schaden jedoch der Gallentätigkeit. Dem wirke man durch das Kauen von Knoblauch nach der Mahlzeit entgegen.

Bei Dioskurides, dem gelehrten Verfasser medizinischer Schriften, ist zu lesen, daß die Asche des Birnbaumes, in einem Getränk gelöst, giftigen Pilzen entgegenwirke. An anderer Stelle wird berichtet, »daß man wilde Birnen mit den Pilzen kochen soll, um sicher zu gehen, daß letztere bei ihrem Genusse nicht schädlich oder gefährlich wirken«.

Die Klöster und ihre Gärten als eine konkretisierte, von christlichen Prinzipien geleitete Welt war die eine Sache, die Vorstellung vom biblischen Garten Eden eine andere. Sie bewahrte sich über die Jahrhunderte ihre Faszination, entwickelte ein Eigenleben als Fantasie, fand nach einigen Umwegen dann aber auch ihren Ausdruck in der Wirklichkeit. Der italienische Schriftsteller Giovanni Boccaccio (1313–1375) beschrieb in seinem *Decamerone* (1348) einen Garten oder Park, der vom biblischen Ideal inspiriert gewesen sein mag:

> Aber der schönste Teil des Parkes ist doch ein Rasenplatz mit ganz niedrigem, aber dichtem sattgrünem Gras, in welches tausend Arten von Blumen ihre Farbenflecke einstreuen, rings umgeben von lebhaft grünen Orangen- und Zitronenbäumen, die mit ihren weißen Blüten, den noch grünen und den goldenen Früchten das Auge erfreuen und durch ihren feinen Duft den Geruchssinn ergötzen.

Der für seine überaus lebhafte Fantasie bekannte jesuitische Gelehrte Athanasius Kircher (1602–1690) wollte sich nicht einfach mit dem Phantom dieses Gartens zufriedengeben; er erlag der Versuchung, ihm ein sehr viel konkreteres Gesicht zu geben: Er zeichnete ihn kartografisch, in Form eines Grundrisses, schräg aus der Vogelperspektive, und verortete ihn in Mesopotamien. Ein geräumiger, von einer Mauer umgebener, mit vielen Bäumen bestandener Garten in Form eines Quadrats, in dessen Mitte sich offenbar die Quelle eines Flusses befindet, der sich von dort in vier Arme teilt (und dann auch außerhalb der Mauer weiterläuft). Unter einem großen Baum sind Adam und Eva zu erkennen.

Kircher schuf die Form dieses Gartens nicht aus heiterem Himmel – es handelt sich dabei um die Urform eines quadratischen Gartens, die in sich viergeteilt ist, in die vorbiblische Zeit zurückreicht und etwa in den Gärten von Pasargardae des persischen Herrschers Kyros II. verwirklicht worden ist. Später setzte sich diese geometrische Grundstruktur in den Kreuzganggärten von mittelalterlichen Kirchen und Klöstern fort. Auch in vielen der ebenfalls an eine paradiesische Vorstellung geknüpften islamischen Gärten von Indien bis Andalusien. Wenngleich dieser quadratische Garten nicht immer oder ausschließlich die Heimat von Obstbäumen gewesen ist, war er ein wichtiges Muster, das sich über Jahrtausende fortgeschrieben hat.

Kircher war keine exotische Ausnahme. Christen nahmen im 17. Jahrhundert die Geschichte vom Ursprung der Welt, wie sie in der Bibel dargelegt wurde, in einem Maße wörtlich, das in unserer aufgeklärten Zeit kaum noch vorstellbar ist. Und in England gab es eine Bewegung unter einer ganzen Reihe von Autoren, die biblische Geschichte zur Gestaltung der Obstgärten in Dienst zu nehmen. Da war zum Beispiel der Puritaner John Milton (1608–1674), der nicht nur eine sehr genaue Vorstellung vom Paradies hatte – er sah es als großes Gebiet im Osten –, das seiner Auffassung nach von »Bäumen … mit schönster Frucht beladen« umgeben sei, sondern er verstand es auch als etwas, das sich konkret mit Aufgaben verbinde: Bäume musste man »stutzen«, »beschneiden«, »stützen« oder »binden«, wenn sie reiche Ernte bringen sollten. Adam und Eva winkte für ihre Anstrengungen reicher Lohn: »Frucht geziert mit gold'ger Schale … und köstlichen Geschmacks.«

Im 16. Jahrhundert begannen zahlreiche Autoren sich ausführlich darüber zu äußern, welche Verbindung bestimmte, oft exotische Früchte mit dem Garten Eden hatten.

Etliche Bücher, die in dieser Zeit erschienen, widmeten sich der Frage, in welcher Form Pflanzen und Obstbäume in diesen paradiesischen Gärten angebaut werden sollen. Der königliche Arzt John Parkinson (1567–1650) führte in seinem ersten, 1629 erschienenen Buch *Paradisi in Sole Paradisus Terrestris* (»Park-in-Sun's terrestrial paradise«, ein Wortspiel mit dem Namen des Autors) neben ausführlichen Beschreibungen der für einen Blumengarten vorgesehenen Pflanzen und Bäume auch die für einen Küchengarten und einen Obstgarten auf. Sein Eden bestand demnach aus drei Gärten, in denen alles wuchs, was auf der Erde zu Hause ist. Wie auf einer Tafel »Ideal eines Obstgartens« zu sehen ist, folgte die Anlage der Bäume dem geometrischen Prinzip einer Raute, ein Muster, das in jeder Richtung wiederholt bzw. fortgesetzt werden kann. Die Bäume bilden dabei kleine Alleen und die Äste Bögen, die die Seiten der Alleen miteinander verbinden.

Mispeln sind heute nur noch wenig bekannt (16. Jh.)

Der Baumschulbetreiber Ralph Austen (1612–1676) aus Leek, Staffordshire, der die zweite Hälfte seines Lebens in Oxford verbrachte, wo er 1659 eine Apfelwein-Produktion aufbaute, war davon überzeugt, mit Hilfe neuer Nutzpflanzen und Gartenbaumethoden gesellschaftliche Missstände wie Armut und Arbeitslosigkeit lindern zu können. Und Austen fand einen ganz eigenen Weg, »Würde und Wert« von Obstbäumen zu fassen, er verlieh ihnen eine übergeordnete Bedeutung.

In *The Spiritual Use of an Orchard; or Garden of Fruit Trees* (dt. etwa: *Der geistliche Nutzen eines Bungerts; oder Obstbaumgartens*) schrieb er:

> Die Welt ist eine große Bibliothek, und Obstbäume gehören zu den Büchern, in welchen wir lesen und dabei deutlich die Eigenschaften Gottes erkennen können, seine Macht, Weisheit, Güte &c., in denen wir unsere Pflicht ihm gegenüber in vielen Dingen beigebracht und gelehrt bekommen, sogar durch Obstbäume: Denn da Bäume (metaphorisch betrachtet) Bücher sind, haben sie in demselben Sinne eine Stimme und sprechen deutlich zu uns und lehren uns viel Gutes.

Genau genommen handelte sich dabei um ein Pamphlet, das ein Teil des 1653 erschienenen *A Treatise of Fruit Trees* (dt. etwa: *Eine Abhandlung über Obstbäume*) war, auf dessen Titelseite Bezug auf das Hohelied Salomos 4:12–13 genommen wurde:

> Ein verschlossener Garten bist du, meine Schwester, liebe Braut, ein verschlossener Garten, ein versiegelter Born. Du bist wie ein Lustgarten von Granatäpfeln mit edlen Früchten.

Profit und Vergnügen sollten dabei Hand in Hand gehen – symbolisiert durch den »handshake« darunter. Das war kaum noch zu übertreffen, alles befand sich in perfekter Harmonie. Fromme

Gartenarbeit als Schlüssel zum Paradies. Und Stephen Switzer, der Verfasser von *The Practical Fruit Gardener* (1724, dt. etwa: *Praktische Anleitung für Obstgärtner*), der an der damals führenden Brompton Park Nursery in London ausgebildet worden war, meinte:

> Ein wohlersonnener Obst-Garten ist eine Verkörperung des Paradieses selbst, in welcher der Geist des Menschen die höchsten Verzückungen erlebt und die Seelen der Tugendhaften die größten Freuden genießen, zu denen sie in diesem irdischen Dasein empfänglich sind.

Switzer verband dieses Credo mit genauen Anweisungen dafür, wie ein nach seinen Vorstellungen perfekter Garten zu gestalten sei.

William Lawsons *A New Orchard and Garden* (1618, dt. etwa: *Ein neuer Obstgarten*) war ein sehr beliebtes Buch über die Gartenarbeit. Sein Stil wurde mit dem der King-James-Bibel verglichen.

> Von allen anderen Freuden auf Erden sind jene, die man durch Obstgärten erfährt, die exzellentesten, und sie stehen am meisten im Einklang mit der Natur … Was vermag das Auge ver-

langen zu sehen, die Nase zu riechen, der Mund zu schmecken, das in einem Obstgarten nicht zu finden ist.

Der Obstgarten war für ihn mehr, es war eine dem Paradies entsprungene Landschaft:

> Und nach meiner eigenen Ansicht könnte ich Euren Obstgarten dann aufs Höchste preisen, wenn entweder durch ihn oder aber gleich in seiner Nähe ein hübscher Fluss mit silbrigem Schwalle verliefe und Ihr auf Eurem Hügel sitzen und eine gefleckte Forelle, einen schlanken Aal oder einen anderen feinen Fisch angeln könntet. Oder Gräben, auf denen man in einem Boote rudern und mit Netzen fischen könnte.

In der Tat zeichnete ein künstlich angelegter kleiner Hügel, ein »mount«, viele Gärten des Elisabethanischen Zeitalters und der Stuart-Ära aus. Über eine Treppe und kleine Wege konnte man ihren höchsten Punkt erreichen und von dort die Aussicht genießen. Überhaupt war die Bewegung in diesen Gärten nicht zu unterschätzen. So finden wir eine erstaunliche Anmerkung, die diesen Aspekt veranschaulicht:

> Um in Eurem Obstgarten Gelegenheit zu körperlichen Übungen zu haben, wird es eine Freude sein, über eine Kegelbahn zu verfügen, oder besser (was männlicher und gesünder ist) über ein paar Zielscheiben, wo Ihr Eure Arme strecken könnt.

Sahen diese göttlichen Gärten in der Wirklichkeit so aus, wie die Stiche in den verschiedenen Büchern nahelegen? Waren sie tatsächlich so exakt gestaltet, als wären sie einem Lehrbuch für Geometrie entnommen? Wir wissen es nicht. In ihrer strengen Form blieben sie jedenfalls eine kurze Mode, auf einen relativ engen Kreis von Menschen begrenzt, und verschwanden bald von der Bildfläche.

Die Gärten, die in der Folgezeit angelegt wurden, entsprachen nur noch der Rationalität folgenden Grundsätzen, sie mussten nun nicht mehr einem himmlischen Ideal nacheifern. Dennoch ging die Vorstellung eines Gartens als Ort, der geeignet war, das Seelenheil zu befördern, nicht von einem zum anderen Tag verloren. Wie wir sehen werden, fand diese Idee ihren Ausdruck in stetig neueren, der jeweiligen Zeit angepassten Formen.

DIE KÜCHEN- UND OBSTGÄRTEN DER FRANZÖSISCHEN KÖNIGE

Den Potager du Roi von Versailles in der Nähe von Paris als »Küchengarten« zu bezeichnen, ist eigentlich eine gehörige Untertreibung, denn es ging dort um viel mehr als nur den Anbau von Gemüse und Kräutern. Der Grundriss des Gartens geht auf André Le Nôtre zurück, seines Zeichens Oberster Gärtner des Sonnenkönigs Ludwig XIV. Im Jahre 1678 begann Jean-Baptiste de La Quintinie – eigentlich Jurist, aber Gärtner aus Leidenschaft – dann mit der Anlage eines südlich vom Schloss gelegenen, weiträumigen, neun Hektar umfassenden Nutzgartens, der den Hof mit Obst und Gemüse beliefern sollte – der bis dahin bewirtschaftete Garten war zu klein geworden. Das ausgewählte Gelände war ein Sumpf, ein stinkender Tümpel gar, wie aus zeitgenössischen Quellen hervorgeht. Er wurde von einigen Regimentern der Schweizer Garden trockengelegt und mit fruchtbarer Erde aufgefüllt.

1682 wurde Versailles Residenz des französischen Hofs und Regierungssitz. Im darauffolgenden Jahr wurde der neue Küchengarten fertiggestellt; er war nun Teil der öffentlichen Repräsentation des Herrschers und eines Gesamtkunstwerks, und das Muster folgte – wie in dieser Epoche üblich – dem Wunsch, die Unterwerfung der Natur zu illustrieren. Es heißt, Ludwig habe sich des Öfteren von La Quintinie, der bald für sein Werk geadelt worden war, durch den Garten geleiten lassen. Der absolutistische Herrscher betrat ihn dann

Birnen gibt es in vielen Farben, Formen und Aromen (1874)

durch einen eigens für ihn gebauten und opulent mit gusseisernen Ornamenten verzierten Seiteneingang – das Gittertor des Königs. Wenn hohe Gäste wie der Doge von Venedig und der Botschafter von Siam zu Besuch kamen, ließ er sie ebenfalls durch den Garten führen. Die Mauer, die den Garten umgab, wurde zum Teil zu einer begehbaren Terrasse erweitert, von der der König den Überblick über die Pflanzungen hatte. Eine architektonische Besonderheit war die Einrichtung von insgesamt 29 Kammern an der Außenmauer, die nach Süden, Osten und Westen zeigte. Das vergleichsweise warme Mikroklima, das sich an sonnigen Tagen sogar während der kühleren Jahreszeiten in diesen windgeschützten Parzellen einstellte, ermöglichte den Anbau von kälteempfindlichen Feigen-, Pfirsich- und Aprikosenbäumen. Auch Melonen, Erdbeeren und Himbeeren (Sorte »Sucrée de Metz«) sollen darin gediehen sein. Dabei wurden die Äste der Bäume beim Wachstum nicht einfach ihrem Schicksal überlassen, sondern in gefällige, zuweilen kapriziöse Spalierformen gebracht, die mit dem hochartifiziellen Charakter der ganzen Anlage und des Schlosses harmonierten. La Quintinie wusste natürlich längst, dass zu Fächern entfaltete Äste mehr Sonnenlicht abbekommen.

Der Chefgärtner muss enorm unter Druck gestanden haben, seinen Auftraggeber zufriedenzustellen und den aus mehreren tausend Menschen bestehenden Hofstaat mit den gewünschten »Mengen von schönen und guten Früchten« zu beliefern. Im Sommer sollen 4000 Feigen täglich gefordert worden sein. Er hat sich unter anderem auch auf die Kultur außerhalb der natürlichen Produktionszeit konzentriert. Angeblich habe er die höfische Tafel schon im Januar mit Erdbeeren beliefern können. Nehmen wir einmal an, dass das den Tatsachen entspricht: Allzu süß dürften diese Früchte wohl kaum gewesen sein! Gewächshäuser waren zum Zeitpunkt der Gründung des Gartens noch nicht bekannt, sie kamen erst ein halbes Jahrhundert später dazu. La Quintinie behalf sich mit anderen Tricks: So benutzte er aus Glas gefertigte Glocken für die Frühbeete und ließ frischen Pferdemist ausbreiten, um die Erde zu erwärmen.

Schon früh hatte sich das Talent des Meisters in adligen Kreisen herumgesprochen; einen Auftrag des englischen Königs, sich dessen Gartens anzunehmen, soll er abgelehnt haben.

Während seiner Jahre in Versailles fand La Quintinie sogar die Zeit dafür, eine Anleitung für Obst- und Gemüsegärten zu verfassen: *Le parfait jardinier ou instruction pour les jardins fruitiers et potagers.* Dass in diesem bemerkenswerten Buch neben vielen anderen Aspekten der Botanik über 500 Birnensorten beschrieben wurden, ist kein Zufall: Der Sonnenkönig hatte eine besondere Vorliebe für diese Frucht entwickelt, und zwar besonders für die fein duftende und zuckersüße »Bon-chrétien d'hiver«, eine sogenannte Winter-»Apothekerbirne«, in der man schon seit geraumer Zeit ein Symbol für die aufgehende Sonne zu erkennen meinte. Der Mythos um diese Frucht mit ihrer buttrigen Konsistenz und einem an Moschus erinnernden Geruch, dies sei an dieser Stelle angemerkt, hat sich dermaßen verselbständigt, dass »Bon-chrétien« einem Obstgärtner mit diesem Namen folgend nach einer Obstausstellung der Horticultural Society in London um 1816 »Williams Bon Chrétien« genannt wurde, von wo aus sie ihren Siegeszug um die Welt antrat. Zu diesem Zeitpunkt hatte sie schon den Weg nach Boston gefunden, und nachdem das Land, auf dem sie dort wuchs, an Enoch Bartlett übergegangen war, wurde sie nach diesem benannt – ein Name, den die Birnensorte seitdem in den USA und Kanada trägt.

Der König, der zweifelsohne ein Selbstverständnis als Künstler der Früchte hatte, ist mit folgender Äußerung in die Literatur eingegangen: »Man muss zugeben, dass unter all den Früchten dieses Ortes, die Natur nichts bietet, das so schön und so nobel wäre wie diese Birne. Die Birne ist es, die auf dem Tische die größte Ehre einbringt.«

La Quintinie soll insgesamt 500 Birnensorten angebaut haben, wobei allerdings nur dreißig dieser Sorten so buttrig gewesen sein sollen, wie der König und seine Entourage es liebten.

Williams Christ Birne (1853)

Während der nächsten Jahrhunderte durchlief der Versailler Garten verschiedene Phasen. Eine bemerkenswerte Innovation war, als La Quintinies Nachfolger Louis Le Normand 1735 dem Thronfolger des Sonnenkönigs, König Ludwig XV., voller Stolz die ersten, in beheizbaren Gewächshäusern kultivierten Ananasfrüchte präsentieren konnte. Bald wurden sogar Bananenstauden dort angebaut. In Cornwall, in den »Lost Gardens of Heligan«, die vor ein paar Jahrzehnten wiederentdeckt und dann rekonstruiert wurden, kann man bis heute sehen, wie Ananasfrüchte in Mulden und unter Zuhilfenahme von Mist angebaut wurden.

Im Rückblick betrachtet, hatte der Obstanbau im Frankreich des 17. und 18. Jahrhunderts seine Hochzeit, und das Land war Tempogeber für die Entwicklung anderer Länder. Seit dem Ende des 17. Jahrhunderts gab es in Europa ein weitgespanntes Netz von Baumpflegern und Obstgärtnern. Franzosen – meistens aus der Umgebung von Paris, wo sich zu dieser Zeit die Obstbauaktivitäten konzentrierten – gingen nach England und Deutschland, Engländer nach Frankreich. Es gab einen lebhaften Handel bzw. Austausch, man jagte regelrecht den seltensten und attraktivsten Obstsorten nach. Und es sollte gar nicht mehr lange dauern, bis sich dieses Netz bis nach Nordamerika erweitert hatte: Auf den Obstplantagen von Montréal in Québec wuchsen im 18. Jahrhundert neben den regionalen Sorten nun auch die aus Frankreich bzw. deutschen Gebieten bekannte Zwetschge (»prunier de Damas«) und Apfelbäume der Sorte Reinette und Calville. Französische Baumschulen wie die von Andrieux rühmten sich ihrer

Kontakte nach Holland, England und ins weitere Frankreich. Die »monstrueuse Reinette du Canada«, die er seinen Kunden als veredelte Pflanze in Aussicht stellte, hatte ihren Ursprung allerdings vermutlich in der Normandie – möglicherweise handelte es sich nur um einen Marketingtrick, um das Angebot attraktiver und exotischer erscheinen zu lassen.

Birnen, Pfirsiche und Feigen entwickelten zu dieser Zeit ein besonderes Prestige. Viele zeigten sich betört von dem Geruch. »Gibt es Moschus oder Amber, der den Duft einer guten Birne und eines guten Pfirsichs übertrifft, wenn sie sich in voller Reife befinden?«, fragte rhetorisch René Dahuron, ein Schüler von La Quintinie, in seinem *Nouveau traité de la taille des arbres fruitiers* (dt. etwa *Neue Abhandlung von der Höhe der Obstbäume*) im Jahre 1696. Weniger beliebt war dort damals die Pflaume; was seinen Ausdruck in dem Sprichwort fand, das in Frankreich die Runde gemacht haben soll: »Er mag lieber zwei Eier als eine Pflaume«. Die Spaliere an den Mauern galten als zu wertvoll, um Pflaumen an ihnen zu züchten. Warum war die Pflaume sie so unbeliebt? Ihr wohl entscheidender »Makel« bestand darin, dass ihr der Ruf des Seltenen oder Exotischen fehlte. Zudem war sie für ihre abführenden Eigenschaften bekannt und berüchtigt. Auch galten die alten Bäume von ihrer Form her als hässlich – kahl und deformiert. Der Vergleich war natürlich ungerecht, zumal die Pflanzen nicht einmal als Spalier gezogen wurden und dann gar nicht die regelmäßige, elegante Form der hochgezüchteten Birnen- und Pfirsichgewächse entwickeln konnten. Die Pflaumenbäume selbst waren pflegeleicht, in Mitteleuropa überaus gut an die klimatischen Verhältnisse angepasst, und mit dem Anbau der Bäume verbanden sich keine besonderen Schwierigkeiten, oft wuchsen sie sogar wild. Auf Stillleben finden sie sich wohl vor allem aufgrund ihrer farblichen Vielfalt – von gelb über rot, grün und violett bis hin zu schwarz.

Es gab einen besonderen Wettbewerb zwischen Äpfeln und Birnen, was zum Teil überrascht, denn Birnen müssen vor der Reife gepflückt werden, sind empfindlicher und deswegen auch schwieriger zu transportieren. Äpfel hatten einen schweren Stand, zumal, wie erwähnt, sowohl der Sonnenkönig als auch La Quintinie eine klare Präferenz für Birnen gezeigt hatten. Ein Jahrhundert zuvor gab es noch regelrechte Elogen auf diese Frucht: »Der Apfelbaum ist der erforderlichste und wertvollste von allen, aus diesem Grund hatte ihn schon Homer als Baum mit der schönen Frucht bezeichnet«, war bei Charles Estienne und seinem Schwiegersohn Jean Liebault in *L'agriculture et maison rustique* (1564) zu lesen. Dennoch gab es auch später, unter dem Einfluss des Versailler Gartens, immer wieder Fürsprecher.

La Quintinie blieb in Frankreich bis zum Ende der Regierungszeit von Ludwig XV. die wichtigste Referenz für die Obstbaukultur, und viele Autoren schrieben von ihm ab, gaben sich dabei aber nicht einmal Mühe, ihre Plagiate zu kaschieren. Erst in der zweiten Hälfte des 18. Jahrhunderts kamen neue Bücher in Umlauf, wie das von Henri-Louis Duhamel de Monceau *Traité des arbres fruitiers* (1768), das eine mittlerweile vertiefte Kenntnis der pflanzlichen Prozesse belegte.

Die hohe Kunst des Obstgartenbaus bestand nicht nur in der klugen, stets die neuesten Erkenntnisse berücksichtigenden Veredelung und Kultivierung der Bäume, es galt auch den Anbau der verschiedenen Obstsorten so zu planen, dass sie zu unterschiedlichen Zeitpunkten reif wurden, um die kontinuierliche Versorgung mit Früchten sicherzustellen. Das gelang natürlich nicht für alle Arten von Früchten, aber für die Birne seit der zweiten Hälfte des 17. Jahrhunderts: Die zeitig reif werdenden Sorten »d'Epargne« und »de Jargonelle« eröffneten in der Zeit von Mitte Juni bis Anfang Juli im Tal von Montmorency die Saison. Es folgten im Hochsommer die »de Deux Têtes«, »de Royal« und die große Sommer-Kochbirne »de Vallée«. Im Herbst machten sich »Messire-Jean«, »de Tantbonne«, »d'Angleterre« sowie »de Bergamotte« mit ihren schönen, reifen Früchten bemerkbar. Im Lagerraum bzw. Fruchtzimmer

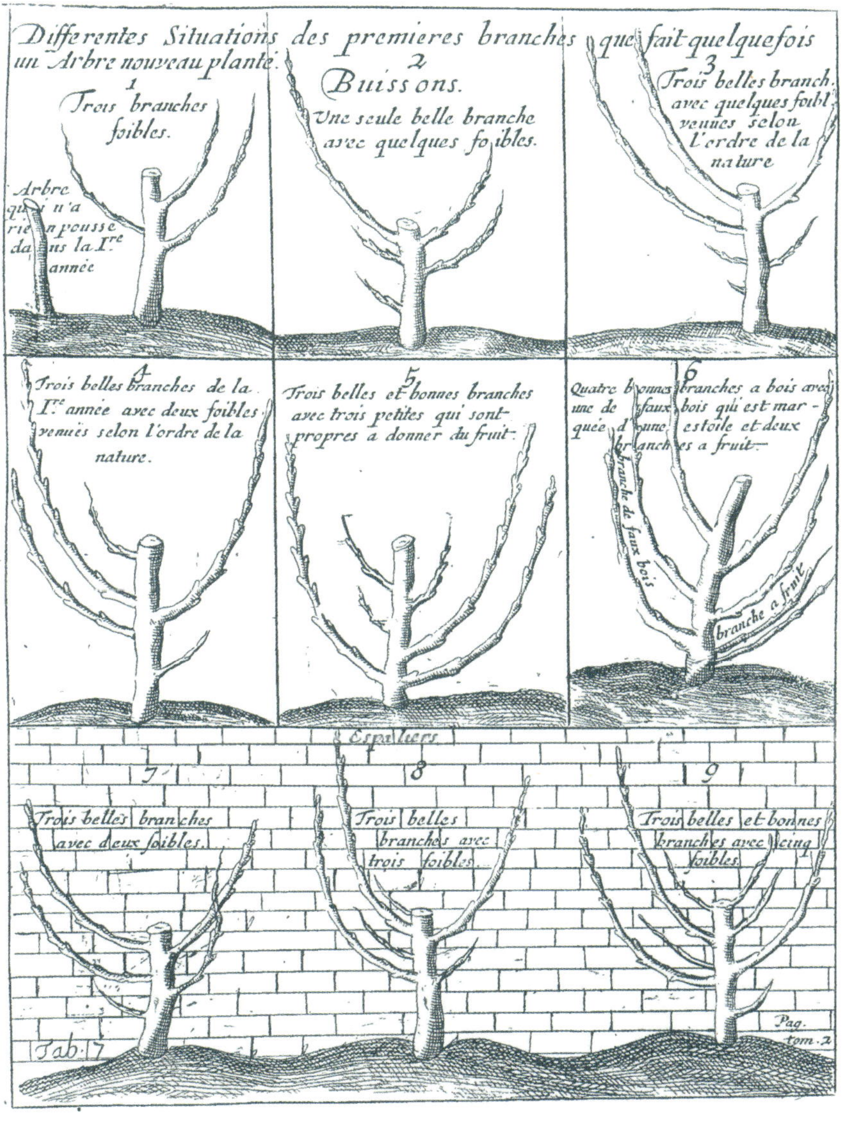

Wie man ein Obstspalier anlegt. Jean-Baptiste de La Quintinie, »The Complete Gard'ner (1695)

erwarteten »la poire d'hiver« (Winterbirne), »de Virgouleuse«, »de Martin-sec« und »de Dangobert« dann ihren optimalen Reifegrad für den Verzehr. Wenn alles nach Plan lief und keine ungünstigen Wetterphasen in die Quere kamen, konnten – zumindest sofern wir den Aufzeichnung Glauben schenken können – frische Birnen von Mitte Juni bis in den Mai des folgenden Jahres hinein verkauft und verzehrt werden – das waren immerhin elf von zwölf Monaten im Jahr! Der Preis der Früchte unterlag natürlich je nach Verfügbarkeit im Laufe des Jahres Schwankungen. Wir können nicht wissen, wie die letzten Birnen dann im Mai noch schmeckten. Ob sie unseren heutigen, hohen Maßstäbe an Geschmack und Konsistenz entsprochen hätten?

Die Gärten waren Laboratorien: Hier wurden Sorten erneuert, neue Arten akklimatisiert, nicht zuletzt das Verhältnis von Meister und Gärtner wurde immer wieder neu auf die Probe gestellt. Häufig mussten sich die Obstbäume den verfügbaren Platz mit Reben, Gemüse- und Futterpflanzen, anderen Bäumen und sogar Blumen teilen. Hier, auf überschaubarem Raum, konnte ein besonders günstiges Mikroklima eingestellt werden, die Pflanzen waren leicht zu bewässern und zu düngen. Die Entscheidung für die disziplinierte Form der Obstbäume bzw. -pflanzungen folgte nicht nur ästhetischen Anforderungen, sondern ergab sich auch aus dem knapp bemessenen Raum. Die Höhe der Bäume, die Zahl der Äste blieb dennoch immer mit der Frage des möglichen Diebstahls von (Brenn-)Holz verbunden. Sollte man dem Gärtner Pierre Bonnel wirklich Glauben schenken, der ca. 1700 behauptet hatte, er habe ausgerechnet »acht Stunden vor Weihnachten« einige Äste von den Apfelbäumen abgesägt, um den darunter wachsenden Reben mehr Luft zu gewähren? Für die Besitzer war es ein klarer Fall von Holzdiebstahl.

Die größte Bedrohung waren Ziegen, da sie nicht nur den Geschmack der Blätter mögen, sondern auch auf Bäume steigen können, wo sie die fruchttragenden Äste schädigen. Aufgrund dieser Neigungen war ihre Haltung in weiten Teilen Mitteleuropas

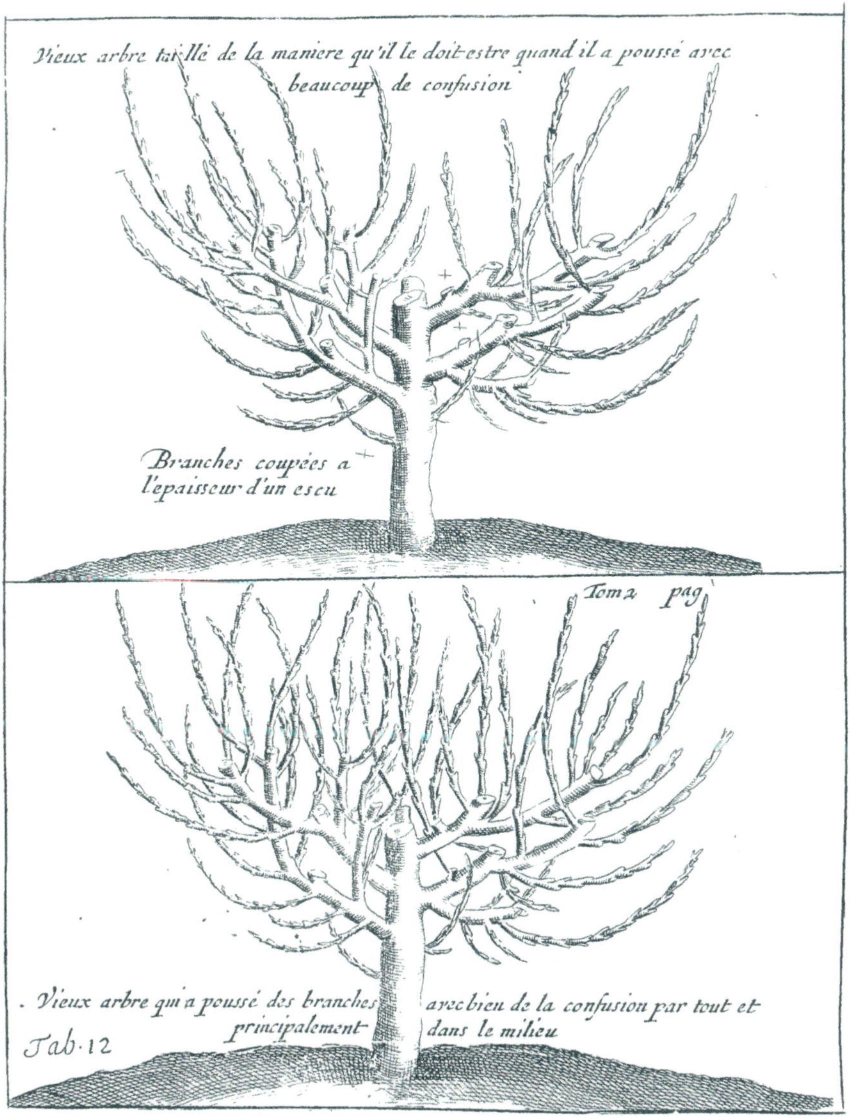

Wie man einen verwucherten Baum in Ordnung bringt.
Jean-Baptiste de La Quintinie, »The Complete Gard'ner« (1695)

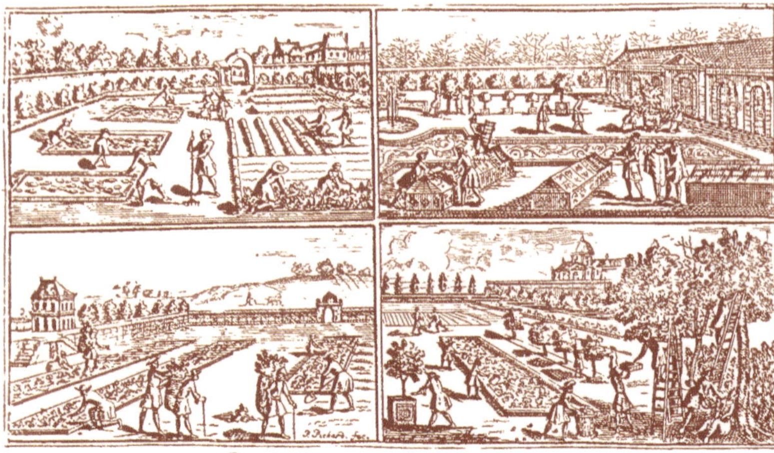

Vier Ansichten des Frucht- und Gemüsegartens von Versailles. Jean-Baptiste de La Quintinie, »The Complete Gard'ner« (1695)

verboten oder nur begrenzt erlaubt. In den Alpen waren diese Einschränkungen jedoch weniger streng, und Ziegen durften mit anderem Vieh umherziehen, solange ein Hirte sie im Auge behalten konnte. Marodierende Ziegen, die Obstbäumen Schaden zufügten, wurden grausam bestraft, etwa an den Hörnern an einer Astgabel aufgehängt, was bisweilen zu ihrem Tod führte. Wenn es zwischen Nachbarn böses Blut gab, wurden Ziegen manchmal sogar mit Absicht in Obstgärten hineingetrieben, um den Besitz zu schädigen. Auch Schweine waren aufgrund ihrer Angewohnheit, den Boden aufzuwühlen und Fallobst zu fressen, unter Obstbäumen nicht willkommen. Wenn sie aus dem Obstgarten nicht ferngehalten werden konnten, wurde ihnen häufig ein Nasenring durch die Schnauze gezogen, um zu verhindern, dass sie den Boden umgruben.

Eine gute Ernte war der Lohn für die gelungene sorgsame Pflege des Obstgartens, brachte aber auch eine Reihe neuer Probleme. Wie all der schönen Früchte Herr werden, die zum selben Zeitpunkt reif wurden und zu verfaulen drohten? Wie den Genuss von Früchten in den Winter hinein verlängern? Man aß Früchte nicht nur frisch, sondern auch als Kompott, als Marmelade, als aus dem Saft hergestellten Gelee, legte sie gar in Essig oder Sirup ein. Oder man vergärte sie zu einem Wein, der zwecks Aufmunterung oder Rausch genossen werden konnte. Manche Früchte wie Aprikosen, Pfirsiche und Kirschen wurden, nachdem sie gekocht worden waren, in Eau de vie aufbewahrt. Es gab viele Zubereitungsformen, wobei einige Konservierungsarten aus heutiger Perspektive ungewöhnlich erscheinen: zum Beispiel salzige Konfitüre oder solche mit Most, Cidre und Honig. Die Mode süßer Konfitüren profitierte von dem gegen Ende des 17. Jahrhunderts sprunghaft angestiegenen Import von Rohrzucker von den Französischen Antillen und aus Saint-Domingue, heute Santo Domingo, die Hauptstadt der Dominikanischen Republik.

Die Obstbaukunst war also die eine Sache, die Früchte so zu lagern, dass man sie noch ein paar Monate später genießen konnte, die andere. Die Bemühungen dafür fanden am Rande des eigentlichen Gartens ihre konsequente Fortsetzung. Entscheidend war die Anlage einer »fruiterie«, eines extra für diesen Zweck geschaffenen Gebäudes. Dort konnte man einen Fruchtvorrat lagern, der vor Gefrieren, Feuchtigkeit und hungrigen Nagetieren geschützt war. Bei dieser Art der Bevorratung handelte es sich wohlgemerkt um einen Luxus, von dem nur wohlhabende Menschen profitierten, die dafür das nötige Personal hatten. Ansonsten mussten die Menschen nördlicher Breitengrade bis zur zweiten Hälfte des 20. Jahrhunderts warten, um ihren Mangel an Vitaminen während des Winters auszugleichen.

Wieder war es La Quintinie, der sehr genaue Vorstellungen zur Lagerung formuliert hatte: Eine starke Mauer gen Norden sollte das Gebäude vor den berüchtigten Winden schützen, Eingangstür und Fenster mussten abgedichtet werden, um den Frost abzuwehren. Für die Raummitte sah er einen großen Tisch vor, auf dem Fruchtkörbe und Porzellanteller abgestellt werden konnten. Für die Wände schlug er die Anbringung von leicht geneigten Brettern in regelmäßigem Abstand vor, auf denen die Früchte aufbewahrt werden konnten – mit Etiketten, welche den Sortennamen und die Reife bzw. das für den Verbrauch bestimmte Datum bezeichneten. Vorsichtig sollten sie dort auf eine Schicht von Moos oder feinem Sand gelegt werden, um überschüssige Feuchtigkeit zu binden. Der Raum war regelmäßig zu kontrollieren. Zum einen war sicherzustellen, dass er immer wieder gut belüftet wurde, zum anderen mussten verdorbene Früchte schnell entfernt werden, um zu verhindern, dass sich die Erreger auf das verbleibende Obst ausbreiten konnten. Wenn es besonders kalt wurde, musste das Gebäude mit Holz oder kohlebefeuerten Öfen beheizt werden. Nicht zu vergessen das Aufstellen von Mausefallen oder eine Katze, die Jagd auf Mäuse und Ratten machen konnte.

Zuweilen fand sich unter Bezugnahme auf alte diätetische Regeln in alten Kochbüchern noch der Hinweis, dass man Feigen, Pfirsiche, Pflaumen, Aprikosen, Brombeeren und Kirschen *vor* der Mahlzeit, Birnen, Äpfel, Quitten, Mispeln und Speierlinge aber immer nur *danach* verzehren sollte, ansonsten wurden Früchte bis dahin vor allem als Würzmittel verwendet und gekocht. Doch es deutete sich ein veränderter Umgang mit den frischen Früchten an. So schrieb ein gewisser Monsieur de La Bretonnerie in *L'école du jardin fruitier* (1784): »Eine vollreife Frucht kann nur sehr gesund sein … Auch wenn die Früchte nicht von Krankheiten heilen können, können sie diese lindern und sogar vor ihnen schützen.«

Unternehmen wir einen großen Sprung in die Gegenwart. Auch wenn die dem Prinzip der Geometrie folgende Grundstruktur des Gartens von Versailles seit der Gründung vor mehr als 300 Jahren erhalten geblieben ist, wurden diverse Änderungen vorgenommen: Einige der Mauern, mit denen er eingefasst war, wurden entfernt, aber das erwähnte Tor für den Sonnenkönig gibt es bis heute. Insgesamt 450 Obstsorten werden dort angebaut, darunter 140 Birnen- sowie 160 Apfelsorten (an Tausenden von Gewächsen), auch einige aus vergangenen Jahrhunderten. Der unter anderem an der Cornell-Universität ausgebildete Amerikaner Antoine Jacobsohn, seit 2007 Chefgärtner, erwähnt als seine besondere Birnen-Favoritin die buttrig-saftige »Duchesse d'Angoulême«. Und auch »Api jaune«, jene legendäre Apfelsorte, die schon Plinius bekannt war, ist dort immer noch zu finden.

OBSTGÄRTEN IM NORDEN

Was das 13. Jahrhundert betrifft, gibt es keine Zweifel mehr, dass zuvor in südlichen Gefilden angebaute Obstbäume nun auch auf der Britischen Insel zu finden waren. In dieser Zeit entwickelte sich die Kultivierung von Früchten zu einem Wirtschaftszweig. Aus Südwestengland ist bekannt, dass die in den Obstgärten angestellten Arbeiter im 13. Jahrhundert einen Teil ihrer Entlohnung in Form von Cider erhielten – eine Praxis, die in diesem Teil des Landes bis in die jüngere Vergangenheit aufrechterhalten wurde. Zu den frühen Obstgärten des 14. Jahrhunderts zählen die von Tower Hill, Billingsgate, East Cheap, Lombard Street und Bow Lane. Von dort wurden die Früchte zu den Märkten gebracht. Viele der Autoren verstanden es, ihre Ratschläge auf vortreffliche Weise mit Poesie zu verbinden. So schrieb Thomas Tusser in seinem Buch *Five Hundred Pointes of Good Husbandrie* (dt. etwa: *Fünfhundert Ratschläge für gute Landwirtschaft*, 1580) über die Ernte:

> Vergiss nicht: Angestoßene Früchte faulen,
> leichte und lange Leitern fügen dem Baum den geringsten
> Schaden zu.
> Sei geschickt beim Pflücken. Eine schlechte Ernte,
> bei der du das Obst zu früh pflückst, schmeckt holzig,
> schrumpft und wird bitter, und schmeckt selten gut.
> Werden die Früchte vom Baum geschüttelt oder geschlagen,
> sind manche vom Herunterfallen gequetscht und schlecht.

Viktorianisches Pfirsichhaus, West Dean Gardens,
Sussex, Großbritannien

In England nahm man alles, was mit der Fruchtkultivierung in Frankreich zu tun hatte, sehr aufmerksam wahr und eiferte dem nach. Ein Vorläufer dessen, was gegen Mitte des 19. Jahrhunderts einmal der »Great New Kitchen Garden« (der große neue Küchengarten) von Königin Victoria werden sollte, war der königliche Küchengarten von Kensington Palace im zweiten Jahrzehnt des 18. Jahrhunderts. Kurioserweise sind vor allem Beschwerden über den Zustand dieser Anlage erhalten geblieben, deren Produkte offenbar immer weit hinter den vielleicht etwas zu hoch gesteckten Erwartungen zurückblieben. Der Garten sei nicht nur zu klein gewesen, sondern habe auch »den zu seinem Zweck am wenigsten geeigneten Boden« gehabt, »nämlich von Natur aus kargen, trockenen, brennenden Sand«, so Henry Wise, der Betreiber der Baumschule von Brompton Park.

Neben dem Kensington-Garten belieferten auch jene von Hampton Court, Kew Palace und Richmond Lodge die Paläste von St. James und Buckingham Home. Im Jahre 1784 wurde William Forsyth, der als Fruchtspezialist galt, zum Gärtner in Kensington Palace ernannt. Neben der Entnahme von Ablegern, um Beerensträucher zu vermehren, legte er im Westen einen neuen Obstbaumgarten und Beete für Melonen und Gurken an. Offenbar gab man die Gemüsezucht völlig auf und verlegte sich ganz auf Obst. Kensington ergänzte die Fruchtlieferungen der anderen Gärten. Ob die Lieferungen, die vor allem Pfirsiche, aber auch Nektarinen, Aprikosen, Weintrauben, Himbeeren, Feigen, Pflaumen, Birnen und eine Melone umfassten, ausreichten, um den Bedarf von Ihrer Majestät und dem königlichen Haushalt zu decken, ist nicht bekannt. Auf jeden Fall blieb von den Früchten – im Gegensatz zu einigen der Gemüse – offenbar nichts übrig.

Nachdem John Townsend Aiton 1804 zum Chefgärtner von Windsor ernannt worden war, belieferte er die Londoner Paläste mit Früchten. In dem dortigen Park verteilte sich die Produktion auf vier Küchengärten – alle hatten ihre eigenen Ananashäuser und Treibhäuser für Weinreben. Sie waren so weit voneinander entfernt,

Obstgarten am Rande einer Siedlung, Frankreich (15. Jh.)

dass er einen halben Tag umherreiten musste, um sie alle inspizieren zu können. Noch ein paar andere Details der Vereinbarung mit dem Königshaus sind überliefert, seine Aufgabe war etwa, »die Produkte auf die schicklichste und angemessenste Weise … zu jedwedem Ort zu befördern, an welchem Seine Majestät oder jedweder Teil der Königlichen Familie oder [ihre] Dienerschaft … gerade weilen möge, vorausgesetzt, die Entfernung betrage nicht mehr als 22 Meilen von Windsor Castle«.

Auch sollte jeder Mann, der Früchte nach Kew bringt, dafür ein Kopfgeld in Höhe von vier Schillingen pro Tag und nach St. James fünf Schillinge bekommen. Trotz diverser Schwierigkeiten mit der Produktion, übrigens auch in den anderen Küchengärten, blieb Aiton noch bis 1830 im Amt, also genau dem Jahr, als William IV. den Thron bestieg. Es stand also offenbar nicht zum besten mit den englischen

Obstgärten. Vermutlich spielte bei François de La Rochefoucauld, der Suffolk im Jahre 1784 einen Besuch abstattete, auch nationale Überheblichkeit bei der Beurteilung der Zustände eine Rolle, auf jeden Fall schrieb er:

> Die Küchengärten sind nicht so gut gepflegt wie die unsrigen: Die Gärtner sind nicht so umfassend für ihre Arbeit ausgebildet. Ich habe bemerkt, dass ihre Bäume häufig nicht gut zurückgeschnitten sind. Offenbar mögen sie lange Äste, die die Mauer zur Gänze mit Blättern schmücken, aber natürlich bei Weitem nicht so viele Früchte tragen wie unsere. Mit dem Gebrauch von Draht sind sie nicht vertraut und befestigen jeden Ast mithilfe eines Stücks Stoff und eines Nagels. Im Allgemeinen kommt alles, was sie über die Kultivierung von Küchengärten wissen und über die verschiedenen Obstsorten, die sie anbauen, aus Frankreich.

Früchte benötigen Wärme, um reifen zu können. Und in nördlichen Gefilden ist diese Wärme ein rares Gut. Von Mauern umgebene Gärten waren eine mögliche Lösung für dieses Problem – große Bereiche, in denen Obstbäume unter quasi klimakontrollierten Bedingungen gezogen werden konnten. Die Mauern, welche die Küchengärten umgaben, mussten einerseits hoch genug sein, um die Pflanzen nach außen abzuschirmen, durften andererseits das eingefriedete Gebiet aber nicht völlig verschatteten – die Höhe bewegte sich etwa im Spektrum von sechs bis zehn Fuß. Sie wurden aus Steinen, Gips und Erde gebaut und zuweilen von einem Ziegeldach bedeckt, das einen

gewissen Schutz vor Unwettern bot, das Einsickern von Wasser unterband und damit die Lebensdauer erhöhte. Das Verputzen mit Mörtel oder Gips verhinderte, dass Nagetiere und Insekten in den Garten eindringen konnten. Nicht zuletzt verdeutlichte die Mauer den Besitzanspruch. Zudem ist bei der Höhe der Mauern in Betracht zu ziehen, dass die meisten jungen Männer in Frankreich damals kleiner als 1,60 Meter gewesen sind. Eine besondere Innovation waren beheizbare Mauern: In West Dean in der Grafschaft Sussex grenzte die Hütte des Chefgärtners an eine der Mauern und gab so etwas Wärme an sie ab. Zusätzlich war ein Teil der Mauer aus zwei Schichten Ziegeln mit einem Zwischenraum gebaut, der erwärmte Luft speicherte. Oft wurden auch Feuer entzündet, deren Hitze dann in der Mauer zirkulierte.

Mit massiven Steinmauern versehene Gärten bzw. Obstgärten gab es vielerorts in ganz Großbritannien, in den Niederlanden und Belgien und auch im Norden Frankreichs. Sie schützten die Pflanzen vor den kalten Nordwinden, nahmen während des Tages Sonnenwärme auf, gaben sie nachts ab und konnten das Mikroklima um mehr als zehn Grad Celsius erhöhen. Damit konnten oft annähernd die Bedingungen geschaffen werden, wie sie sonst viel weiter südlich am Mittelmeer herrschen. Schon der Schweizer Botaniker Conrad Gessner hat im 16. Jahrhundert die positive Wirkung dieser Mauern auf den Reifeprozess von Feigen und Johannisbeeren beschrieben – gerade hatte die Kleine Eiszeit begonnen.

links und oben:
Granatäpfel und Walnussbaum aus dem »Helmingham Herbal and Bestiary« (frühes 16. Jh.)

Trotz einiger Erfolge mit Pflanzen aus mediterranen Gefilden richteten sich die Begehrlichkeiten auf andere mögliche Importe aus fernen Ländern. John Tradescant der Ältere (ca. 1570–1638) aus Hatfield unternahm abenteuerliche Reisen in Nordafrika mit dem Ziel, bis dahin unbekannte oder seltene Früchte und Zierpflanzen aufzuspüren. An der *Barbary Coast*, der von Berbern besiedelten Küstenregion Nordafrikas, entdeckte er die kleine »Muscat-« oder »White Algiers«-Aprikose. Das besondere Interesse Tradescants galt Pflaumen; er nahm 23 verschiedene Sorten davon in sein *Tradescant's orchard book* auf. Er erfreute sich an ihren Farben und Formen – was sicher auch damit zu tun hatte, dass er seinen Geruchssinn verloren hatte. Obwohl seine Unterlagen nur als Manuskript existieren und nicht gedruckt wurden, ging das Werk in die Geschichte der vom Mythos der Fruchtgöttin Pomona inspirierten Bücher ein. Tradescant stand ab 1630 in Diensten von König Charles I. – als Aufseher der Gärten, Rebstöcke und Seidenraupen von Oatlands Palace in Surrey – und war sowohl für sein im Süden London gelegenes Kuriositätenkabinett bzw. »Musaeum Tradescantium« – das erste öffentliche Museum Englands – bekannt als auch für den den Garten »The Ark«, in dem er die eingeführten Pflanzen kultivierte.

Angesichts des rauen Klimas und der wilden Natur mag man bei dem Stichwort Schottland nicht gleich an Obstgärten denken, doch man täuscht sich. Die schottische Westküste profitiert vom Golfstrom, wodurch das Klima relativ mild ist. Die ersten wurden im zwölften Jahrhundert von den verschiedenen Ordensgemeinschaften angelegt; es ist zu vermuten, dass sie von der Gestaltung weitgehend den aus Mitteleuropa bekannten Klostergärten ähnelten. Neben dem königlichen Obstgarten von Edinburgh unterhielten die Dominikaner (Blackfriars) solche Gärten. Von der Abtei und Kloster von Paisley, gegründet im Jahre 1163, ist überliefert, dass es dort einen gut zwei Hektar großen Obstgarten gab. Genauere Angaben darüber, welche Früchte in Schottland angebaut wurden, gibt es jedoch erst seit dem späten 17. Jahrhundert, als William Lindsay,

Ein Füllhorn an Birnen aus Johann Hermann Knoops »Pomologia« (1760)

Johann Hermann Knoop, einer der ersten Pomologen, zeigt, wie er einen Obstbaum formt (18. Jh.)

der 18. Earl von Crawford, eine Liste erstellte: 26 Apfelsorten, 40 Birnensorten, 36 Pflaumensorten, 28 Kirschsorten, einige Pfirsichsorten, Nektarinen und Aprikosen, Stachel- und Johannisbeeren. Was die Pfirsich- und Aprikosenbäume angeht, kann man davon ausgehen, dass sie vor einer sonnenbeschienenen, vor der Witterung schützenden Mauer kultiviert wurden. Während des 18. und 19. Jahrhunderts wurden weitere Sorten aus England eingeführt. Zu den größten Obstgärten zählte der von Hamilton Palace bei Glasgow und in der Nähe des Flusses Clyde. Ein Besucher von 1668 hat seine Beobachtungen dort wie folgt festgehalten:

> Eine Fülle ebenso guter Reben, Pfirsich-, Aprikosen-, Feigen- und Walnussbäume, Kastanien und Haselsträucher wie in jedwedem Teil Frankreichs: exzellente Christ-Birnen … Die Mauern sind aus Ziegelstein gebaut, was zur Reifung der Früchte höchst dienlich ist.

Bei dem Versuch, das optimale Klima für die Reifung der Früchte zu schaffen, gab es auch allerlei Irrwege. So hatten Gärtner früh verstanden, dass schwarze Körper von der Sonne besonders leicht erwärmt werden. So strichen sie zum Beispiel die Wände hinter den Pfirsichspalieren mit schwarzer Farbe, mussten dann aber feststellen, dass die Bäume zu früh Triebe entwickelten und diese dann beim nächsten Frost erfroren. Im Sommer dagegen wurden die Wände schnell so heiß, dass die Pflanzen regelrecht verbrannt sein müssen.

In den durch Mauern unterteilten Gärten Englands wurden Feigen zunächst in Fächerform oder als Spaliere angebaut. Um die Mitte des 19. Jahrhunderts ging man dann aber dazu über, spezielle Gewächshäuser für den Anbau dieser Früchte zu errichten. Das hatte den Vorteil, dass es nun möglich war, zwei- oder sogar dreimal im Jahr zu ernten. Eine architektonische Besonderheit findet man im Garten des irischen Ardgillan Castle: Dort gibt es eine Mauer mit zwanzig Alkoven, Einbuchtungen also, die zusätzlichen Schutz vor dem Wetter boten und von denen man vermutet, dass sie für das Wachstum besonders empfindlicher Nektarinen-, Pfirsich- und Birmenpflanzen vorgesehen waren. Die Idee

Eine serpentinartige Obstmauer, Graveland, Niederlande

fand sogar eine Heimat in Amerika: Thomas Jefferson war so von diesen Mauern eingenommen, dass er eine an der Universität von Virginia in Charlotte, deren Gründer er war, errichten ließ. Er entschied sich für die Anlage sogenannter Serpentinenmauern, um die Gärten, welche zu zehn Pavillons gehörten, vom Rasen abzutrennen.

Die Auswahl von Sorten für diese Gärten konnte noch von anderen Erwägungen beeinflusst werden. In Nunnington, oder York, wurden im 19. Jahrhundert für ihre hohe Lagerfähigkeit bekannte Sorten angebaut, die dann als Proviant auf Segelschiffen mitgeführt werden konnten. Zu den Apfelsorten zählten Dog's Snout (der von der Form her an eine Quitte und eine Hundeschnauze erinnert), Cockpit und Burr Knot.

Von Mauern durchzogene Obstgärten in Montreuil-sous-Bois bei Paris

Es gab und gibt diese Mauern auch im Norden Frankreichs, etwa in dem für seine Pfirsiche gerühmten Montreuil-sous-Bois, am östlichen Rand von Paris gelegen. In den 1870er Jahren, als der Anbau seinen Höhepunkt erreichte, summierten sie sich auf stattliche 600 Kilometer Länge. Man kann sich leicht vorstellen, wie sehr das Leben innerhalb dieser Mauern von diesen Begrenzungen geprägt gewesen sein muss, wie die Kinder auf den Mauern herumtollten. Für Fremde soll dieses Labyrinth extrem verwirrend gewesen sein, und es heißt, die preußische Armee habe bei der Besetzung von Paris 1870 einfach einen großen Bogen darum gemacht, um nicht Gefahr zu laufen, sich darin zu verlieren. Auch wenn sie nicht mehr ihrem ursprünglichen Zweck dienen, kann man diese Mauern dort zum Teil bis heute finden – erstaunlicherweise widerstanden sie dem Druck der Urbanisierung. Hier und da strukturieren sie bis heute die Landschaft und markieren zugleich Eigentumsverhältnisse.

Nun war die Kultivierung von Obstbäumen bei Weitem nicht auf die von Mauern umgebenen Gärten der Wohlhabenden beschränkt, auch wenn diese das besondere Interesse der Chronisten auf sich zogen. Doch wie stand es um die Versorgung des großen Teils der Bevölkerung Europas mit Obst?

OBSTGÄRTEN FÜR DIE MASSEN

In Obstgärten wurden natürlich nicht nur Früchte für Könige, den Klerus und den Adel gezogen, sie waren auch ganz praktisch dazu gedacht, durch Obstanbau viele Menschen zu ernähren. Oft waren sie verbunden mit sogenannten Küchen-, also Gemüsegärten, oder sie lagen in deren Nähe. Schon seit dem Mittelalter waren die Dörfer und Kleinstädte Mitteleuropas häufig mit Gürteln aus Obstgärten umgeben. In ihrem Schatten wuchsen oft noch Getreide oder Kulturpflanzen wie Rüben und Mais oder Gras, das im Herbst gemäht wurde. Kartoffeln kamen erst viel später, im 16. Jahrhundert, hinzu.

Für die weitere Umgebung von Paris im 18. Jahrhundert gibt es viele Hinweise auf den engen Bezug zwischen den Gärten, in denen Obstbäume kultiviert wurden, und den Wäldern der Umgebung. Zunächst diente der Wald als Reservoir von Unterlagen, die allerdings oft weniger geschätzt wurden, da sie in vergleichsweise trockenem Boden gewachsen waren und es lange dauerte, bis sie sich an die Bedingungen in einem Garten angepasst hatten. Ein Beispiel sind dem Waldboden entnommene Wildkirschen-Unterlagen, auf die kultivierte Kirschen gepropft wurden. Aber es gab auch andere einheimische Wildpflanzen, nach denen man im Wald suchte: Haselsträucher sowie wilde Apfel- und Birnbäume. Im Falle der wild im Wald wachsenden Johannisbeersträucher war eine Veredelung nicht einmal notwendig.

»The Cider Orchard« von Robert Walker Macbeth (1890)

Das von Weinbergen und Obstgärten umgebene Bamberg (1837)

Eine weitere Abhängigkeit von den Wäldern ergab sich aus dem notwendigen Transport der Früchte, besonders empfindlicher Kirschen, in die Stadt: Sie wurden auf Kastanienblättern gebettet, damit Stöße während der Fahrt abgefedert wurden und sie »eingeschlagen« gut geschützt ihr Ziel erreichten. In England benutzte man für den Transport besonders empfindlicher Früchte wie Sommerbirnen gerne grüne Farnblätter. Man legte die Fruchtkörbe damit aus und achtete dabei sorgfältig darauf, dass die Stängel nach außen zeigten und die anderen Früchte im Korb nicht beschädigen konnten.

Das Sammeln von Eichen-, Hasel- und Kastanienblättern muss in der zweiten Hälfte des 18. Jahrhunderts in Frankreich zeitweise solche Ausmaße angenommen haben, dass sich die Obrigkeiten gezwungen sahen, Verbote auszusprechen, um diese Praxis einzudämmen. Auch das Pflücken bzw. Aufsammeln wilder Früchte wie Haselnüsse und Esskastanien im Wald setzte sich fort.

Die neu gepflanzten Obstbäume begrenzten die Landschaften in physischer, symbolischer, ästhetischer Weise und verliehen ihnen einen wichtigen Charakterzug. Kurz: Sie verwandelten das Gesicht der Landschaften grundlegend, verliehen ihnen auch Tiefe und machten sie damit optisch reizvoller. Man rufe sich die Höhe der Bäume in Erinnerung: Frei wachsende Apfelbäume können bis zu zehn Meter hoch wachsen, Birnbäume zwischen zwölf und fünfzehn Meter, Kirschbäume sogar fünfzehn bis zwanzig Meter. Vor allem Walnussbäume sind für ihre lange Lebensdauer bekannt; ein Jahrhundert werden sie leicht alt, manche erreichen sogar ein Alter von 500 Jahren – sofern sie nicht vorher wegen ihres begehrten, lebendig gemaserten Holzes gefällt werden.

Der an früherer Stelle erwähnte Henri-Louis Duhamel de Monceau, der sich ansonsten mit Spalierbäumen beschäftigte, schrieb 1768, dass die Früchte »der frei wachsenden Bäume allen anderen überlegen sind«, womit der ästhetischen Dimension eine qualitative hinzugefügt war, was diese Bäume in den Augen vieler seiner Zeitgenossen rehabilitiert haben mag. Und weiter:

> Es sei denn, man möchte ihm eine regelmäßige Form geben, verlangt dieser Baum nur noch nach Entfernung toten Holzes und einiger Äste … Der Sorgfalt und Führung der Natur überlassen, streckt er seine Zweige und Wurzeln in alle Richtungen. Sein Saft bewegt sich mit Kraft und Überfluß in die äußersten Enden, stärkt und vervielfältigt die Zweige, die für Vergrößerung und Robustheit erforderlich sind.

Nicht nur in Frankreich und Großbritannien war die große Bedeutung des Obstbaus erkannt worden, auch im deutschsprachigen Raum wurde die Entwicklung von höchster Stelle gesteuert. Die frühesten Dokumente über Obstsorten sind die schon zuvor erwähnten *Kapitularien* Karls des Großen, also hoheitliche Anordnungen. Es handelte sich um die erste Land- und Wirtschaftsordnung des

Mittelalters, die unter anderem die flächendeckende Versorgung mit Obst regelte. Man hatte also durchaus die Nützlichkeit der Früchte für Hungerperioden erkannt und wollte dem vorbeugen. Die Ordnung enthielt Empfehlungen: unter anderem eine Liste von sechzehn Baumarten, die meisten davon Obstbäume. Die Bemühungen setzten sich im Laufe der Zeit weiter fort. Immer wieder wurden konkrete Maßnahmen angeordnet. Seit dem 16. Jahrhundert etwa wurde jedes Paar mit Hochzeitsabsicht dazu verpflichtet, sechs Obstbäume zu pflanzen und zu pflegen – vorher war die Eheschließung nicht möglich.

Und auch im deutschen Kulturraum griff man auf die Waldressourcen zurück. Aus einem Erlass von Herzog Christoph in Württemberg aus dem Jahre 1567 ist bekannt, dass das Ausgraben wilder junger Obstbäume in den Wäldern erlaubt wurde. Man kann also davon ausgehen, dass in der Landschaft, außerhalb der Wälder, für geraume Zeit auch Wildobst wuchs – zumindest solange Baumschulen noch nicht genügend veredelte Obstbäume anboten.

Schon kurz nachdem Friedrich der Große 1740 den Thron bestiegen hatte, erließ er eine Order an die preußischen Provinzialbehörden, »die Anpflanzung von Obstbäumen im ganzen Lande, wo es nur praktikabel ist, möglichst zu poussieren«. Mit seinem Wunsch, den Obstanbau zu fördern, reagierte er einerseits darauf, dass während des Dreißigjährigen Krieges (1618–1648) große Teile der Obstgärten in Mitteleuropa verwüstet worden waren. Andererseits wollte er auch sicherstellen, dass seine durch das Land ziehenden Soldaten sich an den Früchten bedienen konnten (und sicherlich haben auch noch viele andere, Wandernde zum Beispiel, bis in die jüngere Vergangenheit davon profitiert, wenn solche in der freien Landschaft wachsenden Bäume wieder ersetzt wurden). Offenbar hatte die königliche Initiative nicht gleich die erwünschte Wirkung, denn einem drei Jahre später verfügten Erlass folgend »sollen Städte und Länder für jedes Schock nicht gepflanzte Obstbäume, Weiden und Linden u. a., welches sie nach dem Ermessen

Die Grenze zwischen Wald und Obstgarten verschwimmt auf diesem Gemälde von Hendrik van Balen dem Älteren und Jan Brueghel dem Älteren (16./17. Jh.)

der Land- und Steuerräthe hätten anpflanzen können, 12 Groschen Strafe erlegen«. Solche Strafandrohungen setzten sich weiter fort. Jahr für Jahr verlangte Friedrich genaue Aufstellungen über neugepflanzte sowie abgegangene Obstbäume. All das war jedoch nicht genug, um das Ziel zu erreichen. Im Jahre 1752, wenige Jahre vor Beginn des Siebenjährigen Krieges, ordnete Seine Majestät an:

> Es sollen gute, gemeinschaftliche Baumschulen in allen Dörfern angelegt werden und ist zu deren Pflege ein der Baumzucht kundiger Mann anzustellen, der auch den Einwohnern Unterricht zu geben vermag … Jeder Wirth muß alle Jahre wenigstens 10 Stück junge Obstbäume setzen. Der Überfluss an Obst ist zu backen und den Städtern zum Verkauf anzubieten.

Gemeint waren hier nicht etwa Obstkuchen, sondern das Dörren von Obst zwecks Konservierung. Was auch erklärt, dass in der Umgebung von großen Obstgärten häufig Backstuben errichtet wurden. Im Städtchen Treffurt in Thüringen entwickelte sich der Obstbau zu einem Haupterwerbszweig: »Mit dem wachsenden Obstsegen wuchs ring um die Stadt herum ein Kranz von Darren, in denen Kirschen, Zwetschen, Birnen und Aepfel zur handelsfähigen haltbaren Ware wurden, in denen im Herbst reges Leben herrschte und ringsum angenehmer Obstgeruch sich ausbreitete.« Die in Teile geschnittenen, gedörrten Früchte – sogenannte Schnitzer – wurden üblicherweise mit Speck oder mit einer Mehlspeise verzehrt.

Allerdings brachten die offiziellen Obstbaum-Pflanzgebote wohl nicht immer den gewünschten Erfolg, hier und da wurden sie nicht ernst genommen. Wenn Kontrollgänge durchgeführt wurden, so ein Bericht aus Schlesien von 1765, wurden »bloße Prügel oder Ruthen in die Erde gesteckt«, um den Eindruck vorzutäuschen, es handele sich um richtige Pflanzungen.

Gegenüber den Betreibern der Baumschulen herrschte also erhebliches und berechtigtes Misstrauen. Bis ins 19. Jahrhundert gab

Verladen von Obst am Stuttgarter Bahnhof (1899)

es noch keine Qualitätssiegel. Wenn man gepfropfte junge Bäume kaufte, war das immer mit dem Risiko verbunden, dass sich die Pflanze entweder nicht gut entwickelte oder sich herausstellte, dass es sich um eine andere Sorte handelte als die, die man eigentlich haben wollte. Die Verwirrung bei der Bezeichnung der diversen Sorten war beträchtlich.

Die herzogliche Baumschule beim Schloss Solitude in der Nähe von Stuttgart erreichte kurz vor der Wende zum 19. Jahrhundert den beträchtlichen Bestand von 100 000 Pflanzen, die pro Jahr verkauft wurden. Der Betreiber dieser Baumschule, der Barbier Johann Caspar Schiller, der Vater Friedrich Schillers, war Verfasser des Buches *Die Baumzucht im Großen*, in dem er unter anderem »Bäume, die vorzüglich zu Besetzung der Straßen zu erwählen sind«, auflistete und solche »Bäume, welche schnell und stark wachsen«. Dies stand in Zusammhang mit der Entwicklung im frühen 19. Jahrhundert, dass sich der Anbau von hochstämmigen Obstbäumen vor allem

Hier gibt es Äpfel für alle (19. Jh.)

in den südwestlichen deutschen Ländern in bis dahin unbekanntem Ausmaße ausweitete – sie säumten besonders die Ortsränder, standen an Straßen und Wegen, aber auch auf Wiesen und Äckern, die gleichzeitig mit »Früchten des Feldes« wie Kartoffeln besetzt waren. Besonders geeignet waren die Hanglagen, wo kein Ackerbau möglich war. Unter den angebauten Bäumen waren übrigens auch Walnussbäume, die wegen ihres Holzes und ihres Öls begehrt waren.

In alten Dokumenten ist oft von »Obstäckern« oder »Obstwiesen« die Rede. Einen Eindruck von den beträchtlichen Dimensionen der Baumpflanzungen vermittelt ein gewisser Professor Hopf, der 1797 im Württemberger Ermstal, in der Nähe von Reutlingen, unterwegs war und dort einen »Obstwald« sah, der sich, seinen Angaben zufolge, über mehrere Kilometer hinzog und über den er sagte, dass »dessen Ertrag gemostet, gedörrt oder gebrannt wird«. Es kursierte damals das eingängige Sprichwort: »Auf jeden Raum pflanz' einen Baum, und pfleg' ihn fein – er trägt's Dir ein.«

Die hochstämmigen Obstbäume verliehen der Landschaft nicht nur ein abwechslungsreiches Gesicht, es verbanden sich auch handfeste ökologische Vorteile damit. Schon der erwähnte Johann Caspar Schiller hatte einen recht genauen Begriff davon: »Die Baumzucht verschafft denjenigen, die sich damit bemühen, einen angenehmen Theil ihrer Nahrung. Sie gereichet zur Zierde eines Landes, zur Reinigung der Luft, zum Schutz und Schatten und hat überhaupt in vielen anderen Dingen ihren trefflichen Nutzen, zur Nothdurft, Lust und Bequemlichkeit des Lebens für Menschen und Thiere.« (Mit »Nothdurft« wurde damals alles zum Leben Notwendige bezeichnet.)

Es war sicherlich kein Zufall, dass der Obstbau bis ins 18. Jahrhundert besonders in Regionen wie dem Süden Englands und im deutschen Südwesten verbreitet war: Dort gab es direkte Verbindungslinien zu den Zeiten der römischen Besatzung. Besonders in klimatisch günstigen Lagen gehörten große Obstgärten im 18. und 19. Jahrhundert zum Landschaftsbild dazu, so auch im Elsass, der für seine hervorragenden Weine bekannten Region zwischen den Vogesen und dem Rhein: »Für gewöhnlich befinden sich die Obstgärten um das Dorf herum oder oben auf dem platteren Teil der Rebhügel, und geben so dem Dorfbilde eine entzückende Staffage. Diese meist in ganz kleinen Parzellen aufgeteilten ›Obstäcker‹ bestehen hier seit unvordenklichen Zeiten, und waren sogar in früheren Jahrhunderten zahlreicher als jetzt …«, schrieb ein Chronist 1908. Ein weiterer Faktor im 19. Jahrhundert für die Anlage von Obstbäumen war das Einschleppen der Reblaus aus Amerika, die große Teile der Weinbaugebiete Europas zerstört hatte. Auf den Flächen, die vorher von Reben besetzt waren, wurden nun Obstbäume angebaut.

Nicht zu unterschätzen ist die Bedeutung der Obstbäume – sei es, dass sie wild in den Wäldern wuchsen oder in der Landschaft angelegt worden waren – für die Bevölkerung der stetig wachsenden Städte, die sich in einiger Entfernung von ihrem Wohnsitz, auf dem Land, ganz unbeobachtet, in rechtefreiem Terrain glaubte und auf kleine Raubzüge begab.

Dieses Gemälde von Alfred Sisley zeigt die Obstgärten an der Seine westlich von Paris (1875)

Der britische Historiker Richard Cobb schreibt über das Dorf Helpston in dem englischen Distrikt Fenland, nördlich von Peterborough: »Es war, gelinde gesagt, hoch gefährlich, bei Sonnenuntergang oder bei Nacht eine der Landstraßen entlangzuwandern oder zu reiten … Bei Sonnenuntergang konnte man als Passant auf stumm vorwärts schreitende Reihen von Schattengestalten treffen, die, den Rücken gebeugt unter der Last von Stämmen und gestapeltem Holz, nach Hause zogen.«

Was Cobb hier eindringlich für das Abholzen beschreibt, galt auch für Früchte und Pilze, auf die es hungrige Menschen besonders während Kriegszeiten im Herbst abgesehen hatten, man sprach von *nutting* und *blackberrying*. Die fremden, von Hunger und Kälte getriebenen Plünderer galten auf dem Land immer als Eindringlinge, die Pflanzungen schädigten, Tore offen ließen und damit die Kontrolle der

Bauern über das Vieh gefährdeten. Zuweilen streunten sie aber auch in Gelände, das gar keine Abzäunungen oder Hecken aufwies, auf das niemand so recht Ansprüche angemeldet hatte. In diesem Sinne genossen sie Freiheit und profitierten von der Gesetzlosigkeit. Und eben dem Holz, den Früchten und Pilzen, die sie dort finden konnten. In Poesie gefasst kann das alles freilich recht unschuldig klingen, wie hier zum Beispiel in John Clares *The Shepherd's Calendar (Der Kalender des Schäfers)* aus dem Jahre 1820 (Clare lebte in Helpston):

Das Lied johlender Knaben, die verzückt
Allein durchs Land ziehn, schwärmend und entrückt,
Durchstöbern Dickichte in ihrem Traum
Nach wildem Obst, das glänzt in manchem Baum.

Traditionelle Obstbaumpflanzungen, auch Streuobstwiesen, haben eine deutlich positive Auswirkung auf ihre Umgebung. Wie wir heute wissen, vermindern sie die Verdunstung und erhöhen die Bodenfeuchtigkeit. Sie schaffen damit ein dem Wald ganz ähnliches Mikro- und Makroklima. In dieser Umgebung fühlt sich eine Vielzahl von Kleintieren und Pflanzen im Unterwuchs sehr wohl – welche genau das sind, hängt von Boden, Klima, Lage und nicht zuletzt vom Zeitpunkt der Mahd ab. Zahlreiche Vogelarten – besonders typisch der Steinkauz *(Athena noctua)* – finden dort Futterquellen und Nistgelegenheiten – zum Beispiel in Stamm- und Asthöhlungen. Auf nur einem Baum können bis zu 1000 wirbellose Tierarten zu Hause sein – Schmetterlinge, Käfer, Ameisen, Bienen, Wespen, Hornissen, Würmer, Schnecken. Gartenschläfer sind besonders häufig in Streuobstwiesen anzutreffen. Werden die Areale, auf denen die Bäume stehen, maßvoll bewirtschaftet oder weitgehend sich selbst überlassen, können sich dort auch seltene Pflanzen wie Orchideen oder Nelken verbreiten. Bäume unterschiedlicher Arten und Sorten, noch dazu verschiedenen Alters, entfalten ein wertvolles ökologisches Zusammenspiel. Selbst altes und totes Holz, sofern es nicht Krankheitsherd (etwa für den Obstbaumkrebs) ist, trägt zum Artenschutz bei. Der Hirschkäfer benötigt Totholz für seine Fortpflanzung – seine Entwicklung zum ausgewachsenen Käfer dauert mehrere Jahre.

Besonders in Hanglagen war es von entscheidender Bedeutung, dass die Bäume das Erdreich mit ihrem Wurzelwerk festigten und damit vor Erosion bewahrten. Geradezu ideal waren und sind Obst- bzw. andere Laubbäume neben Wohngebäuden – sie bieten im Sommer Schatten und lassen, nachdem die Blätter abgefallen sind, im Winter etwas von dem dann so raren Licht ins Haus hinein. Und die Bäume verminderten das Schadensrisiko: Die für ihre weit heruntergezogenen Walmdächer bekannten Schwarzwaldhäuser waren früher häufig an ihrer Hauptwindseite von regelrechten »Hausbäumen«, oft handelte es sich dabei um Walnussbäume, umgeben, die ihnen Schutz vor Stürmen boten.

Im Tal der Dordogne, im Südwesten Frankreichs, gibt es seit Jahrhunderten eine ganze Landschaft mit weit ausladenden Eichen, Kastanien- und Walnussbäumen – man spricht dort von der Périgord-Nuss. Früher gab es noch mehr, so viele Nussbäume, dass man sich gerne erzählte, dass ein Eichhörnchen die ganze Region durchqueren könnte, indem es einfach nur von einem Baum zum nächsten springen würde. Die *Route de la Noix du Périgord*, wie sie auch genannt wird, erinnert an eine Zeit – vom Mittelalter bis zur Renaissance –, als Nüsse noch als Zahlungsmittel in Umlauf waren, Schulden und Zölle damit beglichen werden konnten. Um die Nüsse zu ernten, wurde mit langen Stöcken in das Geäst der Bäume geschlagen. Und man soll damals überall in den Dörfern gehört haben, wie mit kleinen Eisenhämmern die Nussschalen aufgebrochen wurden.

Die Bauern, die heute dort noch Nüsse anbauen, sehen sich einer großen Konkurrenz aus Kalifornien China, Iran und Chile gegenüber, sodass sie sich etwas einfallen lassen mussten; sie verfüttern die Nüsse auch an Enten und Gänse, deren Lebern dann dick und fett werden, und sie mazerieren und destillieren die Nüsse zu Walnussschnaps oder extrahieren ihr Öl – für einen Liter Öl braucht man ganze sechs Kilo-

Eine Gruppe Walnussbäume, Gemälde von Joakim Skovgaard (1883)

gramm Nüsse. Sie werden in Brot gebacken, zu Konfitüren, für Pesto und in Würsten verarbeitet. Mit etwas Glück entdeckt man in der wildromantischen Landschaft mit ihren von Rosen umrankten Gehöften noch eine der alten Ölmühlen. Die Holzzahnräder werden mit Wasserkraft angetrieben, die Schalen mit Hydraulikhämmern zum Platzen gebracht, in glutheißen Öfen die Kerne getrocknet.

Man kann sie also hier und da doch noch finden, die romantischen Landschaften, die von hochstämmigen, knorrig gewachsenen Bäumen geprägt werden. Vielerorts sind sie jedoch schon lange den Sachzwängen unserer modernen Zeit zum Opfer gefallen: Alleen von Obstbäumen etwa, die früher Wege und Straßen säumten, mussten weichen, weil sie sich nicht mit dem Anspruch der Verkehrssicherheit vertragen: Wenn Autos von der Straße abkommen und gegen einen Baum prallen, geht das oft nicht glimpflich aus.

KIRSCHGÄRTEN

Kirschen, bzw. deren Röte, stehen für erotische Versuchung und Verführung. Vom wunderbar aromatischen Geschmack einmal ganz abgesehen. Es überrascht daher nicht, dass Kirschen schon früh Begehrlichkeiten weckten. Schon zur Zeit von Plinius wurden bereits viele Kirschbäume kultiviert und Sorten auch mit konkreten Namen bezeichnet, ohne dass wir heute wissen, ob es sich dabei um Süß- oder Sauerkirschen gehandelt hat: »Apronian« galt als die röteste, »Lutatian« als die dunkelste, »Caecilian« als besonders rund, »Junian« als besonders schmackhaft, wenn frisch vom Baum verzehrt. »Duracina« galt als die beste von allen. Und um die Frage, wie kultivierte Kirschen nach Rom kamen, rankt sich eine kleine Geschichte: Im Jahre 70 v. Chr. eroberte der römische Feldherr Licinius Lucullus die um das Schwarze Meer gelegenen Länder von dem legendären König Mithridates VI. Die Römer nannten die Stadt Kerasus (heute Giresun im Nordosten der Türkei) nach den Edelfrüchten *(Prunus cerasus)*. Es heißt, ein Teil der Beute, die der Römer im Triumphzug durch Rom führte, seien auch Bäume gewesen, die in seinen Gärten später Kirschen getragen haben. Sie wurden frisch zum Abschluss großer Festessen gereicht, aber auch getrocknet oder in Honig eingelegt. Ihr Saft wurde zudem zur Herstellung von Obstweinen verwendet.

Am Hof der Preußenkönige in Potsdam erfuhren Kirschen während des 18. Jahrhunderts eine ganz besondere Wertschätzung: Ihre Gartenanlagen waren von vielen Kirschbäumen bestanden, und es entwickelte sich eine ganz eigene Kultur um die Früchte. Friedrich II.,

Titelblatt eines Notenhefts von
»Die Kirschen in Nachbars Garten« (1902)

»der Große«, hat ein beinahe libidinöses Verhältnis zu ihnen unterhalten, es war ihm Herzensbedürfnis: »Ich reise am 25. nach Amalthea, meinem lieben Garten in Ruppin, und brenne vor Ungeduld, meinen Weinberg, meine Kirschen und Melonen wiederzusehen«, schrieb er einem Vertrauten 1737, er war damals 25 Jahre alt.

Die Kultivierungsbemühungen in den königlichen Gärten waren darauf ausgerichtet, die Versorgung mit Kirschen über einen möglichst langen Zeitraum zu ermöglichen. So wurden bevorzugt Sorten ausgewählt, die früh- und spättragend waren. Die sogenannte Treiberei beinhaltete, dass Bäume vor nach Süden ausgerichteten Mauern gepflanzt wurden, wo sie der Sonne (wenn sie denn während der kurzen Tage im Winter schien) besonders ausgesetzt waren. Schräg vor diese Mauern gestellte Glaswände intensivierten die Wirkung der Sonnenstrahlen und sorgten dafür, dass die Bäume während der Nacht nicht so stark auskühlten. Auch den Küchengarten westlich vor der Potsdamer Stadtmauer ließ der König vor allem mit Kirschbäumen bepflanzen; es waren insgesamt 328 Stück. Dort diente ein 80 Meter langes Treibhaus der Anzucht von Kirschen. Ihre Krönung fand die Treiberei mit speziellen »Kirschkästen« für kleine Pflanzen, die mithilfe von Pferdemist erwärmt wurden. Vereinzelt sollen angeblich, obwohl das wenig glaubhaft klingt, sogar schon im Dezember und Januar Kirschen geerntet worden sein, die sich der König zwei Taler pro Stück kosten ließ. Die Kirschbäume kamen in fünf Formen daher, als Hochstämme, Mittelstämme, Halbstämme, Pyramiden und Spaliere. Eine besondere Zucht ergab dann noch Kirschbäume für Hecken.

Die Früchte der königlichen Kirschgärten wurden nicht nur frisch verzehrt, wie sich aus dem Angebot der Berliner Schloss- und Hofapotheke von 1758 schließen lässt: Es gab Kirsch-Lavendel-Wasser, Schwarzkirschwasser, Sauerkirschsirup zum Teil mit Tagetes-Blüten, eingemachte saure Kirschen. 1764 verfasste die Dichterin Anna Louisa Karsch, die manchen als »die deutsche Sappho« galt, ihr »Lob der schwarzen Kirschen«:

Kirschen gibt es in einer Vielzahl von Farben und Süße, spätes 19. Jahrhundert.

Des Weinstocks Saftgewächse ward
Von tausend Dichtern laut erhoben;
Warum will denn nach Sängerart
Kein Mensch die Kirsche loben?

O die karfunkelfarbne Frucht
In reifer Schönheit ward vor diesen
Unfehlbar von der Frau versucht,
Die Milton hat gepriesen.

…

Ich trink und rufe dreymal hoch!
Ihr Dichter singt im Ernst und Scherze
Zu oft die Rose, singet doch
Einmal der Kirschen Schwärze!

Im traditionellen Volksglauben Mitteleuropas wurden Kirschbäume häufig mit dem Mond in Verbindung gebracht. Man sprach Warnungen dagegen aus, sich bei Vollmond unter ihnen aufzuhalten, weil man meinte, Geister würden dort ihr Unwesen treiben. Und selbst wer die Elfen und Feen heimlich beobachtete, die unter einem blühenden Kirschbaum tanzten, begab sich in Gefahr.

Kirschen müssen, sobald sie reif geworden sind, rasch verzehrt oder verarbeitet werden. Die Versuchung für die Pflückenden war stets groß: »Zwei in den Korb, eine in den Mund« lautet eine Faustregel. Wich man von ihr ab und hat doch sehr viel mehr davon gegessen, ließen heftige Bauchschmerzen nicht lange auf sich warten. Das galt vor allem in Verbindung mit dem Trinken von Wasser: »Kirschen gegessen – Wasser getrunken – Bauchweh gekriegt – Fieber bekommen – ins Krankenhaus gekommen – scheintot – tot.«

Sobald die Kirschen reif waren, galt es nicht nur mit vereinten Kräften die Früchte zu pflücken, sondern auch den zügigen Transport auf die Marktplätze der Städte zu organisieren. Noch am Abend machte man sich mit Pferden auf den Weg, die die ganze Nacht hindurch trabten. So beliebt Kirschen waren, hatten die natürlich wachsenden Bäume einen zunehmend schweren Stand, weil sie sehr hoch in den Himmel ragen und die Ernte mit erheblichen Kletterkünsten verbunden war, damit die Früchte nicht einfach am Baum verfaulten.

Kaum eine englische Region dürfte so sehr mit Kirschen in Verbindung gebracht werden wie Kent, das dank seiner Böden und seines milden Klimas als am besten geeignet für den Anbau von Kirschen gilt. Die hier wachsenden Früchte sind berühmt für ihren feinen Geschmack. Die Kirschtradition der Region entstand während der Herrschaftszeit Heinrichs VIII., der die Anpflanzung eines Obstgartens in der Stadt Sittingbourne anordnete. Einer der besten Orte, um sich an den Bäumen zu erfreuen – besonders zur Zeit ihrer extravaganten Blüte im Frühling –, ist die *National Collection of Fruit Trees* in der Stadt Brogdale. Als größte derartige Sammlung der Welt umfasst sie Kirschbäume über 285 verschiedener Zuchtformen, und Hunderte weiterer Obstsorten werden hier kultiviert, darunter Äpfel, Birnen, Pflaumen, Johannisbeeren, Quitten und Mispeln.

Griff nach den Kirschen in Ulrich Völler zu Gellhausens Florilegium (1616)

Dank der für Kirschen idealen klimatischen Bedingungen und des gemäßigten Klimas, in dem die zarten Triebe durch lange Hainbuchenhecken vor dem Wind geschützt sind, haben die reifen Früchte einen feinen Geschmack, der unter den klimatischen Extremen der Mittelmeerregion nicht erreicht werden kann.

Machen wir einen großen Schritt in die Gegenwart und nach Deutschland. Die Umgebung des nordhessischen Witzenhausen ist für ihre reiche Kirschbaumkultur bekannt. Alljährlich wird die Kirschblüte mit dem Kirschblütenfest begangen; die sogenannte Kesperkirmes beinhaltet die Krönung einer Kirschenkönigin und das Kirschsteinspucken.

Ebenso ist die Umgebung des Bodensees als Paradies für Obstbäume bekannt und hat eine Tradition, die viele Generationen zurückreicht. In der Nähe des beschaulichen Städtchens Ravensburg bewirtschaftet Joachim Arnegger eine drei Hektar umfassende Kirschbaumplantage. Da die Kirschbäume nur zwei bis drei Wochen blühen und die Temperaturen während dieser Periode oft noch etwas zu niedrig sind, damit Honigbienen zügig aus ihrem Stock kommen und aktiv werden, musste er sich etwas einfallen lassen, damit die Ernte ergiebiger ausfällt. Er ist dann auf die Idee gekommen, sich aus der benachbarten Schweiz Nistkästen mit Gehörnten Mauerbienen kommen zu lassen. In einem dieser Kästen befinden sich 500 Tiere, »Leiharbeiterinnen«, wie sie Arnegger nennt. Den Honigbienen haben sie etwas Entscheidendes voraus: Sie sind, was das Wetter angeht, nicht so anspruchsvoll. Schon bei fünf Grad über Null kommen sie raus – selbst leichter Regen schreckt sie nicht von ihrer Tätigkeit ab – und entfalten geradezu besessen ihre Aktivität. Deswegen sind sie bis zu 300-mal effektiver als Honigbienen. Das liegt darin begründet, dass diese Bienenart programmiert ist, sich innerhalb von etwa vier Wochen zu vermehren und ihre Brut zu versorgen. Ein weiterer Vorteil für den Obstbauern besteht darin, dass Mauerbienen – eine der am weitesten verbreiteten und frühesten Wildbienen – oft die Bäume wechseln, was wiederum eine gute Mischung im Genpool sicherstellt. Und blühende Rapsfelder interessieren sie überhaupt nicht. Sie bleiben bei den Obstbäumen. Im Herbst schicken die Bauern die Nistkästen mit der jungen Brut dann wieder zurück, wo sie einer besonderen Behandlung unterzogen werden, bevor sie in Kühlschränken überwintern, im Kälteschlaf.

Obwohl sich Arnegger die Nistkästen einiges kosten lässt, zahlt sich das Prozedere für ihn aus, denn er kann in einer guten Saison schon einmal 20 000 Kilo Kirschen von seinen Bäumen holen, die er dann ganz in Eigenregie verkauft; nicht einmal einer Genossenschaft bedient er sich für den Absatz seiner roten Früchte. Wenn man genau hinschaut, sieht man, dass an den Rändern seines Obstgartens Brennnesseln und alles mögliche andere Kraut wächst. Abgestorbene Äste werden dort gelassen, wo sie herunterfallen, und dienen dann als Unterschlupf zum Beispiel für Käfer. Auch wenn sich Arnegger nicht als »Biobauer« im klassischen Sinne versteht, spricht all das für sein Denken in größeren Zusammenhängen. Die

Idee, für die Bestäubung gezielt auf besonders aktive Mauerbienen zurückzugreifen, spricht sich herum. Im für seine Kirschblüten *(Sakura)* bekannten Japan greift man immer häufiger auf die Mauerbienen zurück, was wesentlich auch eine Reaktion auf den Niedergang der Honigbienenvölker in diesem Land ist, die häufig von Milben befallen sind. In China wird nach wie vor per Hand bestäubt, da es schlicht nicht genug Insekten gibt.

Die kleine und zarte Kirschblüte ist eines der wichtigsten Symbole der japanischen Kultur, und der Zeitpunkt des Kirschblütenfestes ist einer der Höhepunkte im Kalender dieses Landes.

Die meisten in Japan vertretenen Kirschbaumsorten blühen nur ein paar Frühlingstage lang. Die japanische Bevölkerung feiert diese Jahreszeit mit Hanami-Partys (»Hanami«, dt. etwa: »Kirschblüten-Betrachten«): Freunde, Familien oder Kollegen treffen sich und sitzen auf Kunststoffmatten unter den blühenden Bäumen, trinken, singen, plaudern oder bewundern einfach den Anblick. Der wichtigste Faktor bei der Ermittlung der Blütezeit der Kirschbäume ist die geografische Lage. Je milder das Klima, desto früher öffnen sich die Blüten. Daher wandert die Blütezeit von Süden nach Norden durch das Land. Auf der subtropischen Okinawa-Inselgruppe öffnen sich die Kirschblüten bereits im Januar, während die Blüte auf der nördlichen Insel Hokkaido manchmal erst in den Mai fällt. In den meisten großen Städten dazwischen, wie Tokio, Kyoto und Osaka, ereignet sich die Kirschblüte normalerweise Anfang April.

Kirschbäume werden aber nicht nur wegen der Blüten oder der schönen Früchte wegen geliebt. Sie können in den Obstgärten auch als Lockvogel für Wesen dienen, die nicht nur hoch hängen (wie die Früchte), sondern vom Himmel herbeigeflogen kommen. Der englische Dichter Joseph Addison schrieb 1712 in einem Beitrag des *Spectator:*

> Noch in einer anderen Sache bin ich sehr eigen, oder, wie meine Nachbarn mich nennen, sehr launenhaft: Da mein Garten

Illustration aus einer türkischen Zeitschrift (ca. 1925)

sämtliche Vögel des Landes anlockt, indem er ihnen die Annehmlichkeiten von Quellen und Schatten, Abgeschiedenheit und Schutz bietet, zerstöre ich im Frühling keines ihrer Nester und vertreibe sie zur Zeit der Früchte nicht von ihrem üblichen Aufenthaltsort. Ich schätze meinen Garten mehr für seine Fülle an Amseln, denn für jene an Kirschen, und schenke ihnen höchst freigiebig Früchte für ihren Gesang. Auf diese Weise wird mir stets die Musik der Jahreszeit in ihrer Vollkommenheit zuteil, und ich bin höchst erfreut, den Eichelhäher oder die Drossel zu sehen, wie sie über meine Wege hüpfen und vor meinen Augen über die verschiedenen kleinen Lichtungen und Wege schießen, die ich durchquere.

Le Pont St Louis

ZITRUSPFLANZEN

Italien gilt schon lange als das Land der Zitronen schlechthin. Aber wie ist es dazu gekommen? Zitronenbäume waren früh in Persien kultiviert worden, von wo sie Alexander der Große etwa 300 v. Chr. mitgebracht haben soll. Mit griechischen Siedlern kamen sie 200 v. Chr. nach Palästina. Bald wuchsen sie in Italien, die Bäume wurden dann aber von Invasoren zerstört, konnten sich nur auf den großen Inseln Korsika, Sardinien und Sizilien behaupten. Entscheidend für die weitere Verbreitung war dann, dass Araber Zitronen-, Orangen- und Olivenbäume sowie – trotz des Verbotes von Alkohol im Koran – Weinreben nach Andalusien im Süden der Iberischen Halbinsel brachten.

Kennst Du das Land, wo die Zitronen blühn,
Im dunklen Laub die Goldorangen glühn,
Ein sanfter Wind vom blauen Himmel weht,
die Myrte still und hoch der Lorbeer steht,
Kennst du es wohl?
Dahin! Dahin
Möcht' ich mit dir, o mein Geliebter, ziehn!

Johann Wolfgang von Goethe hat dieses berühmte Gedicht nicht erst unter dem Eindruck seiner legendären *Italienischen Reise* geschrieben, sondern schon drei Jahre zuvor, in Weimar. Dort am Rande der Stadt, im Schloss Belvedere, gibt es eine barocke Orangerie mit zwei Pavillons und Innenhof – in den Gewächshäusern wurden und werden nach wie vor duftende Zitronen- und Orangenbäume

Mittelmeeridyll (ca. 1895)

gezogen als Kübelpflanzen, die während des Sommers ins Freie gebracht wurden.

So bescheiden das im Vergleich zu den ausgedehnten Hainen Italiens war, gab es solche mit viel Mühe gehegten und gepflegten Orangenpflanzungen vielerorts in Europa. Sie befanden sich meist im Anhang von Schlössern und Residenzen von Adeligen, wo sie der Fantasie Flügel verliehen. Jean-Jacques Rousseau erinnerte sich gerne an seinen offenbar besonders produktiven Arbeitsaufenthalt im Petit Château von Montmorency, fünfzig Kilometer nördlich von Paris: »In dieser tiefen und köstlichen Einsamkeit, inmitten von Gehölz und Gewässer, beim Gesang aller Arten von Vögeln, umgeben vom Duft der Orangenblüten schrieb ich in einem fortwährenden Entzücken.«

Natürlich enthielt auch das im vorangegangenen Kapitel erwähnte Kompendium von La Quintinie etwas über die Kultur des Orangenbaums – den Spezialisten dafür nennt er »Jardinier Orangiste«, den Orangengärtner. Sein Plädoyer:

> In der gesamten Gärtnerei gibt es weder Pflanzen noch Bäume, die soviel Vergnügen bereiten und über so lange Zeit, daß es keinen Tag im Jahr gibt, an dem die Orangenbäume diejenigen, die ihnen zugetan sind, nicht mit etwas erfreuen könnten und müßten, sei es durch das Grün ihres schönen Laubwerks, sei es durch die Anmut der ihnen ziemenden Gestalt, sei es durch den Überfluß und den Duft ihrer Blüten, sei es schließlich durch die Schönheit, Güte und Dauer ihrer Früchte usw. Ich gestehe, daß man davon nicht höher entzückt sein kann als ich es bin.

Das 72 Seiten umfassende Traktat erschöpft sich in einer Vielzahl von genauen Anweisungen: etwa dass die Gestalt der Krone mit »der Form eines frisch geschlossenen Pilzes oder einer Kalotte« zu vergleichen sein soll, dass die Krone dabei gefüllt sein soll, »ohne im Inneren unordentlich und verworren zu sein«, und »zur vollkomme-

Zitronen gemalt von Ulisse Aldrovandi (16. Jh.)

nen Schönheit des Orangenbaumes« gehöre es auch, »daß er rein sei von allen Arten übler Gerüche, von Staub und von Insektenbefall, wie Blattläusen und Ameisen«.

Und wie genau sind die Bäume aufzustellen?

> Wenn man ein genügend geräumiges Gewächshaus hat, um 2 Reihen von Orangenbäumen unterzubringen und sie mit Geschmack und Symmetrie aufstellt, was in jeder Art möglich ist, so soll man es in der Weise tun, daß man einen Gang in der Mitte frei läßt, um sich beim Gehen der Schönheit der ins Haus gebrachten Bäume zu erfreuen.

La Quintinies Ausführungen fungierten als Blaupause für fast alle französischen Gartenschriftsteller im 18. Jahrhundert.

Zitrusfrüchte in einer Gartenbau-Zeitschrift (frühes 19. Jh.)

Der Zitronenbaum, der zur selben Zeit Blüten und Früchte tragen kann, wurde zu einem Symbol für den Mittelmeerraum, obwohl er dort gar nicht seinen Ursprung hat. Ob Goethe sich mit der Frage beschäftigt hat, woher die Zitruspflanzen gekommen waren? Vermutlich dürfte ihm schon klar gewesen sein, dass es das Verdienst der Araber war. Wie der aus Bagdad gekommene Händler Ibn Hawqal im 10. Jahrhundert berichtete, gab es in der Umgebung von Palermo eine Vielzahl von Gärten, in denen auch Orangen- und Zitronenbäume standen, die mithilfe von Bewässerungskanälen, wie sie schon aus Mesopotamien bekannt sind, versorgt wurden.

Zuerst gelangten die Bitterorangen nach Europa. Können wir eine Vorstellung davon entwickeln, wie diese Früchte schmeckten? Wie Helena Attlee in ihrem wunderbaren Buch über die Zitruskultur Italiens *The Land Where Lemons Grow* erklärt, liegt die Schwierigkeit, den genauen Ankunftszeitpunkt für die ersten süßen Orangen in Europa zu bestimmen, im subjektiven Charakter der Geschmackswahrnehmung (damals gab es eben noch keine Analysemethoden, mit denen der Säure- und Zuckergehalt der Frucht auf eine Weise hätte gemessen werden können, die Vergleiche ermöglicht hätte). Dennoch gibt es einen Konsens, dass Seefahrer süße Orangensorten gegen Mitte des 16. Jahrhunderts nach Portugal eingeführt haben sollen, bevor sie auch in anderen Ländern bekannt wurden. Vorher gab es in Europa nur Bitterorangen.

Wie wir heute wissen, liegt der Ursprung der Zitruspflanzen viel weiter östlich. Vor 1200 Jahren schrieb der chinesische Lyriker Du-Fu (auch Tu Fu transkribiert): »An diesem Herbsttag duften die Tausend Orangenbäume rund um den Landpavillon.« An anderer Stelle erwähnt er den Gesang der sogenannten Orangen-Ode – in der es heißt, dass der Orangenbaum in der Heimat verbleiben soll und nicht in der Fremde angepflanzt werden kann. Wie wir wissen, hat man sich nicht daran gehalten, denn sie werden heute vielerorts in den Tropen und Subtropen angebaut.

Bestimmt nicht zufällig aus China stammt eines der allerersten pomologischen Bücher, verfasst von Han Yen-Chih, der Präfekt der Stadt Wenzhou in der Provinz Zhejiang gewesen ist. Das *Chü lu* (1178) bietet eine Vielzahl von Angaben zur Zucht und Pfropfung der Ni-shan-Orangen, bei denen es sich nach heutigem Verständnis allerdings vermutlich um Mandarinen handelte. Nicht alles darin Geschriebene ist allzu wörtlich zu nehmen, zum Beispiel wenn es heißt, dass die Früchte sich nicht lange halten, wenn der Pflückende am selben Tage Wein getrunken habe. Überaus aufschlussreich sind auch die Hinweise, die Han Yen-Chih zur Verwendung der Zitrusfrüchte gibt. Von der Parfümierung von Kleidung ist die Rede, vom Würzen der Speisen, vom Einlegen in Honig. Offenbar war die Schale mit ihren ätherischen Ölen ein geschätzter Handelsartikel und wurde für verschiedene Medikamente verwendet. Aus den Blüten einer bestimmten Orangenfrucht soll Pulver hergestellt worden sein, das bei seinem Verbrennen einen Geruch entfaltete, der so intensiv gewesen sein soll, als würde man unter einem leibhaftigen Baum sitzen. Orangen waren im alten China so wichtig, dass es einen ausdrücklich ernannten Orangenminister gab, dessen Aufgabe es war, Sorge dafür zu tragen, dass es am Hof genügend Früchte gibt.

So viele Gartenbilder und Kalligrafien aus den folgenden Jahrhunderten auch erhalten geblieben sind, so anschaulich und detailreich die oft fantasievoll gestalteten Gärten auf diesen auch dargestellt werden, befinden sich nach meinen Recherchen nur wenige darunter, die explizit Obstgärten zeigen. Zudem sind die gezeigten Bäume nicht immer eindeutig bestimmbar. Dazu ein Beispiel aus der Zeit um 1600, dem goldenen Zeitalter des klassischen chinesischen Gartens. Die Provinz Jiangnan, am unteren Flusslauf des Jangtsekiang gelegen, ist bekannt für die Hunderte von größeren und kleineren Gärten, die es dort einst gegeben haben soll. Unter diesen war der nördlich der Stadtmauern von Wujin gelegene Zhi-Garten oder »Garten des Verweilens«, von dem der für seine monumentalen Landschaftsszenen und topografischen Bilder bekannte Maler Zhang Hong eine ganze Reihe von Ansichten kreierte, die auf das Jahr 1627 datiert werden. Das Blatt 14 (von insgesamt 20) zeigt das »Birnenwolken-Gebäude«, einen großen Pavillon mit einem eleganten Fußwalmdach und einer Terrasse, die auf einen Teich hinausweist und von der aus man den Mond betrachten konnte. Im Inneren des Pavillons kann man einige Menschen erkennen, die dort sitzen. Entgegen der Erwartung ist das Gebäude nun aber nicht etwa von Birnbäumen umgeben, sondern von in voller Blüte stehenden Pflaumenbäumen, von denen es dort insgesamt 700 gegeben haben soll. Auf einem weiteren Blatt gibt es noch einige Orangenbäume, allerdings nicht massiert, sondern in Gesellschaft von Magnolien, Zypressen und anderen Gewächsen. Diese Details erschließen sich allerdings nur durch die Erklärungen von Wu Liang, dem Besitzer. Den zart-süßen Duft, den alle diese Blüten verströmt haben dürften, muss man sich dazudenken.

Wir sind nicht ganz verloren bei unserer Suche nach Spuren der chinesischen Zitruskultur. So bietet die Bildersammlung aus der Zehnbambushalle von Hu Zhengyan (ca. 1584–1674), die auf die Zeit der späten Ming-Dynastie (14. bis 17. Jahrhundert) datiert wird, eine Reihe von Holzschnitten von oft sehr unregelmäßig gewachsenen Früchten, unter anderem der Zitronatzitrone Buddhas Hand oder Buddhas Finger *(Citrus medica var. sarcodactylus)*, die zu den seltsamsten Früchten der Erde gehören dürfte und im Fernen Osten bis heute vor allem aufgrund ihres Duftes beliebt ist. Der Etrog, Varietäten der Zitronatzitrone, wird im jüdischen Laubhüttenfest verwendet.

Woher waren sie gekommen? Auf jeden Fall waren die Früchte lange in Südasien und Südostasien verbreitet, wie in den Memoiren von Jahanguir nachzulesen ist:

> Zusammen mit diesen kamen Orangen (kauṇlā) aus Bengalen, und obwohl dieser Ort 1000 Kos weit entfernt ist, trafen die meisten recht frisch ein. Da dies eine sehr empfindliche und

Gefingerte Zitronen, auch »Buddhas Hand« genannt, aus der Zehn-Bambus-Halle-Sammlung (ca. 1633)

hübsche Frucht ist, bringen Kuriere zu Fuß so viele davon, wie die Leute zum persönlichen Verzehr brauchen und geben sie von Hand zu Hand weiter. Meine Zunge versagt mir ihren Dienst, will ich Allah dafür danken.

Wildpopulationen konnten bisher nicht gefunden werden. Eine Hypothese besagt, dass Orangen aus der Kreuzung von Mandarinen und Pampelmusen hervorgegangen sind. Viele Menschen haben sich darüber den Kopf zerbrochen. Ein Beispiel sei angeführt, um die Schwierigkeiten zu verdeutlichen: Der Botaniker Emanuel Bonavia hatte die Obstgärten von Delhi besucht, um Näheres über die sogenannte Sùntara-Orange herauszufinden. Er zeigte sich zunächst über den Zustand der Anlage enttäuscht: Die Orangenbüsche vermischten sich mit den Bäumen der Wälder, was die Obstbauern ihm gegenüber mit dem Hinweis rechtfertigten, dass die Büsche den Schatten der Bäume mögen und unter diesen besonders gut gedeihen. Bonavia setzte seine Erkundungen weiter fort. In seinem Buch *The Cultivated Oranges and Lemons of India and Ceylon* (1888) schrieb er: »Ich habe jeden Stein umgedreht, um dem Ursprung der Sùntara-Orange auf den Grund zu gehen, und womöglich auch der Herkunft ihres Namens.«

Obwohl niemand die Frage, woher die Früchte gekommen waren, abschließend beantworten konnte: »Alle stimmen darin überein, dass sie nicht einheimisch ist, und der Legende nach hat Hanumàn, Ramas General, die Pflanze bei seiner Rückkehr aus Lanka (Ceylon) mitgebracht. Manche sagen, die Samen seien aus dem ursprünglichen Assam-Gebiet hergebracht worden.«

Dem fügt Bonavia an späterer Stelle allerdings noch hinzu, dass die meisten Autoren davon ausgehen, dass der Geburtsort der Orange in China bzw. im Süden Vietnams, d. h. dem östlichen Kambodscha liege.

Fast eineinhalb Jahrhunderte später ist man der Lösung des Rätsels näher gekommen, denn inzwischen konnte der Ursprung der Zitrusfruchtarten durch weitere Untersuchungen amerikanischer und spanischer Wissenschaftler etwas besser eingegrenzt werden. Dafür haben sie die Genome von über fünfzig Sorten, von der chinesischen Mandarine bis zur Sevilla-Orange, analysiert und sogar einen Stammbaum der Zitrusfrüchte vorgestellt. Als die wichtigsten Arten gelten Zedratzitrone, Mandarine und Pampelmuse. Der Ursprung wird in den östlichen und südöstlichen Ausläufern des Himalaya-Massivs verortet, wo sich starke Sonneneinstrahlung mit relativ geringen Regenfällen verbindet. Tropische Verhältnisse mit ihrer hohen Luftfeuchtigkeit machen die Pflanzen anfälliger gegenüber einer Reihe von Krankheiten, deswegen kann eine Herkunft aus weiter südlichen Regionen ausgeschlossen werden. Frost wird von den meisten Pflanzen nicht toleriert, zugleich sind die Ansprüche an die Bodenqualität gering.

Doch noch einmal zurück nach Italien. Wie im alten China waren Zitrusfrüchte oder Zedraten, wie sie genannt wurden, auch in Italien für Sammler und Künstler besonders interessant, weil sie zum Teil skurril, unregelmäßig geformte Varietäten bilden. Eine besondere Vorliebe dafür entwickelte die Familie Medici. Im Januar 1665 berichtete der Naturwissenschaftler und Poet Francesco Redi an Kardinal Leopold de' Medici:

> Ich habe im bezaubernden Zedratenhain Ihrer Hochwohlgeboren heute eine neue, eine allerneueste Varietät gefunden, als ich einige Beobachtungen bei den Zitrusfrüchten machen wollte, und bat einen der Gärtner, mir doch einige der bizarren Früchte abzuschneiden und Ihnen diese Neuigkeiten zu übersenden.

Spanische Werbung für Zitronen und Orangen (1929)

Cosimo III., Großherzog der Toskana, der zur Dynastie der Medici zählte, unterhielt in Castello eine solche Sammlung. Der Florentiner Maler Bartolomeo Bimbi (1648–1729) fertigte in seinem Auftrag vier Bilder von solchen Früchten: mit vielen Pomeranzen, Zedraten, Zitronen, Bergamotten, Limetten und Orangen behangene Zweige bzw. Büsche.

Sogar schon im 16. Jahrhundert wurden Zitrusfrüchte an den wichtigsten Fürstenhöfen und von wohlhabenden Bürgern in Mitteleuropa kultiviert. Ähnlich wie in Italien galten sie auch hier als Prestigeobjekte. Über den Garten der in Augsburg ansässigen Fugger, einem wichtigen schwäbischen Kaufmannsgeschlecht, heißt es, dass dort 1531 all diejenigen Zitrusfrüchte zu finden waren, die auch in Italien kultiviert wurden. Wie auch am Gardasee üblich, wurden an Königs- und Fürstenhöfen auf freiem Grund einfach gezimmerte, mit Moos und Dung abgedichtete »Pomeranzenhäuser« errichtet, die mit Hilfe von Öfen beheizt wurden und im Frühjahr leicht demontiert werden konnten – die sogenannten abschlagbaren Pomeranzenhäuser. Massiv gebaute Orangerien kamen erst gegen Ende des 17. Jahrhunderts auf.

Besonders berühmt für seine Obsession für wundersam geformte Zitrusfrüchte war Johan Christoph Volkamer (1644–1720), der einer thüringischen Ärztefamilie entstammte, die für ihre botanischen Neigungen bekannt war. 1708 erschien sein Buch *Nuernbergische Hesperides* – er bezog sich damit auf die Herakles-Sage und die goldenen Äpfel, die von Aegle, Arethusa und Hesperthusa, den drei Hesperiden, bewacht wurden. Volkamers Leser dürften die abgebildeten Früchte tatsächlich für die sprichwörtlich gewordenen, der griechischen Mythologie entsprungenen »goldenen Äpfel der Hesperiden« gehalten haben. »Hesperides« wurde auf jeden Fall der Begriff für die reiche Gartenkultur, wie sie sich damals in dieser Region zeigte. Volkamers Garten zählte seinerzeit zu den prächtigsten im süddeutschen Raum.

Die über hundert Kupferstiche, die Volkamers Buch schmücken,

Zitrusfrüchte dominieren die Landschaftsbilder des Botanikers
Johann Christoph Volkamer (1644–1720)

sind in ihrer Darstellungsweise insofern ungewöhnlich, als sie überdimensional groß wirkende Zitronate, Zitronen, Bergamotten, Limetten, Pomeranzen und Orangen vor bzw. über dem Panorama eines Gartens oder von Gebäuden zeigen. Volkamer leistete sich in seinem Garten in Gostenhof bei Nürnberg ein für seine Zeit fortschrittliches Pomeranzenhaus, das er selbst entworfen hatte: Ein nach Süden offener Bau mit einem Dach, das während der warmen Jahreszeit abgenommen werden konnte. Dieser war dann sogar mit einem sogenannten Duftzimmer verbunden, von wo aus im Winter der Anblick und der aromatische Duft von Blüten und Früchten genossen werden konnte. Die Illusion eines mediterranen Gartens in nördlichen Breitengraden war damit perfekt, fast zumindest. Volkamer galt auch in Italien als überaus geschäftstüchtig. Dort besaß er allerdings nicht etwa Zitrusgärten, wie man vermuten könnte, sondern Maulbeerbaumplantagen mit Seidenraupen, denen eine Seidenfabrik angegliedert war.

Die Verlockungen eines Zitrusfruchtidylls zogen weite Kreise. Der schottische Dichter James Thomson schrieb 1730 in seinen *Seasons* (Jahreszeiten):

Trag mich, Pomona, in deinen Zitrushain,
wo frisch Zitronen- und Limonenglanz
mit dunkel durchs Grün leuchtendem Orange
sich hell und herrlich mischen. Lass mich ruhn
Unter der weiten Tamarinde, die
Im Windhauch fieberkühl'nde Früchte wiegt.

Goethe entdeckte die ihren wunderbaren Duft verbreitenden Zitronengärten zuerst am Gardasee, wo ihre Ursprünge bis ins 13. Jahrhundert zurückreichen. Im September 1786 schrieb er in seiner *Italienischen Reise:*

> Wir fuhren bei Limone vorbei, dessen Berggärten, terrassenweise angelegt und mit Zitronenbäumchen bepflanzt, ein reiches und reinliches Ansehen geben. Der ganze Garten besteht aus Reihen von weißen viereckigen Pfeilern, die in einer gewissen Entfernung voneinander stehen und stufenweis den Berg hinaufrücken.

Und zwei Monate später, inzwischen war es Winter geworden und er in der Umgebung von Rom angekommen:

> Man merkt den Winter nicht, die Gärten sind mit immergrünen Bäumen bepflanzt, die Sonne scheint hell und warm, Schnee sieht man nur auf den entferntesten Bergen gen Norden. Die Citronenbäume, die in den Gärten an den Wänden gepflanzt sind, werden nun nach und nach mit Decken von Rohr überdeckt, die Pomeranzenbäume aber bleiben frei stehen. Es hängen viele Hunderte der schönsten Früchte an so einem Baum, der nicht wie bei uns beschnitten und in einen Kübel gepflanzt ist, sondern in der Erde frei und froh, in einer Reihe mit seinen Brüdern steht. Man kann sich nichts Lustigeres denken als einen solchen Anblick. Für ein geringes Trinkgeld isst man deren, so viel man will. Sie sind schon jetzt recht gut, im März werden sie noch besser sein.

Weiter südlich entspricht die in den Golf von Neapel hineinragende Halbinsel Sorrent, unweit von Capri und den antiken Hinterlassenschaften von Pompeji, dem zum Klischee gewordenen Sehnsuchtsbild des italienischen Südens geradezu perfekt. Eine pittoreske Landschaft, die von den an steilen Hängen, von Steinmauern umgebenen und auf Terrassen wachsenden Zitronen- und Orangengärten geprägt wird, die praktisch rund ums Jahr blühen. Und diese dort oft von Kastanienholzgerüsten gestützten Bäume waren es, die den Philosophen Friedrich Nietzsche (1844–1900) besonders zum Denken angeregt haben sollen, genauer gesagt das Wandeln unter ihren schattenspendenden, dunklen Blättern, zwischen denen sich weiße Blüten verbergen. Vom 26. Oktober 1876 bis Anfang Mai 1877 logierte der damals 33-Jährige in der Villa Rubinacci.

Nietzsche war der Einladung der Schriftstellerin Malwida von Meysenbug gefolgt, die ihm vorgeschlagen hatte, dort mit ihr den Winter zu verbringen. Nietzsche war angeschlagen: Der für ein Jahr von der Universität Basel freigestellte junge Professor litt unter heftigen Migräneattacken und musste sich dringend erholen. Auf seiner Reise wurde er von seinem Arzt und Freund Paul Rée und von

Zitronenernte am Gardasee

seinem Schüler Albert Brenner begleitet. Von seinem Zimmer im Erdgeschoss konnte Nietzsche direkt in den Garten blicken, wo sich »ein wahrer Wald von Oliven- und Orangenbäumen« zeigte, wie Malwida ihrer Tochter in einem Brief berichtete. Wenn er draußen herumlief, bewahrten ihn die Bäume vor der intensiven Sonnenstrahlung und damit zugleich vor den gefürchteten Kopfschmerzen. Ein interessantes Detail ist, dass er ein besonderes Verhältnis zu einem der Bäume gehabt haben soll, der fortan den Namen »Gedankenbaum« trug. Jedes Mal wenn er unter diesem Gehölz stand, soll ihm ein Gedanke gekommen sein.

Der Philosoph arbeitete während dieser Monate an seinem Werk *Menschliches, Allzumenschliches*. Auch wenn er die Zitronen-, Orangen- und Olivenbäume, von denen er dort umgeben war, nicht ausdrücklich erwähnte, schrieb er: »Wir sind so gerne in der freien Natur, weil diese keine Meinung über uns hat.« Ob Nietzsche auch den Limoncello, einen zuckersüßen, gelben Zitronenlikör, der als besondere Spezialität der Region gilt, gekostet oder wegen seiner Migräne darauf verzichtet hat?

Es kann kein Zufall sein, dass so viele Dichter sich von Zitronen- und Orangengärten inspiriert fühlten, sicherlich spielte der betörende Blütenduft eine Rolle dabei. Der französische Schriftsteller Guy de Maupassant (1850–1893) begab sich in den Süden Frankreichs, genauer gesagt nach Monaco, um oberhalb der Stadt den Duft von Orangenblüten einzusaugen:

> Haben Sie je in einem Orangenhain geschlafen, werte Freundin? Die Luft, die man entzückt einatmet, ist eine Quintessenz der Wohlgerüche. Der kräftige und doch süße Duft, köstlich wie eine Leckerei, scheint sich mit uns zu verbinden, er erfüllt uns, macht uns trunken, entkräftet uns und lässt uns in eine schläfrige, verträumte Trägheit sinken. Als sei er Opium, von der Hand der Feen zubereitet und nicht von der des Apothekers.

Vermutlich Zufall war dagegen am Ende des 19. Jahrhunderts für die Entstehung einer anderen Zitrusfrucht im Spiel, der Clementine. In diesem Fall wurden Abkömmlinge einer mediterranen Mandarinensorte mit dem Pollen einer Orangenblüte bestäubt, und zwar in der Nähe von Oran in Algerien. Ihren Namen verdankt die Frucht dem dort ein Waisenhaus leitenden Trappisten-Ordensbruder Marie-Clément, der sie zuerst der Wissenschaft bekannt machte.

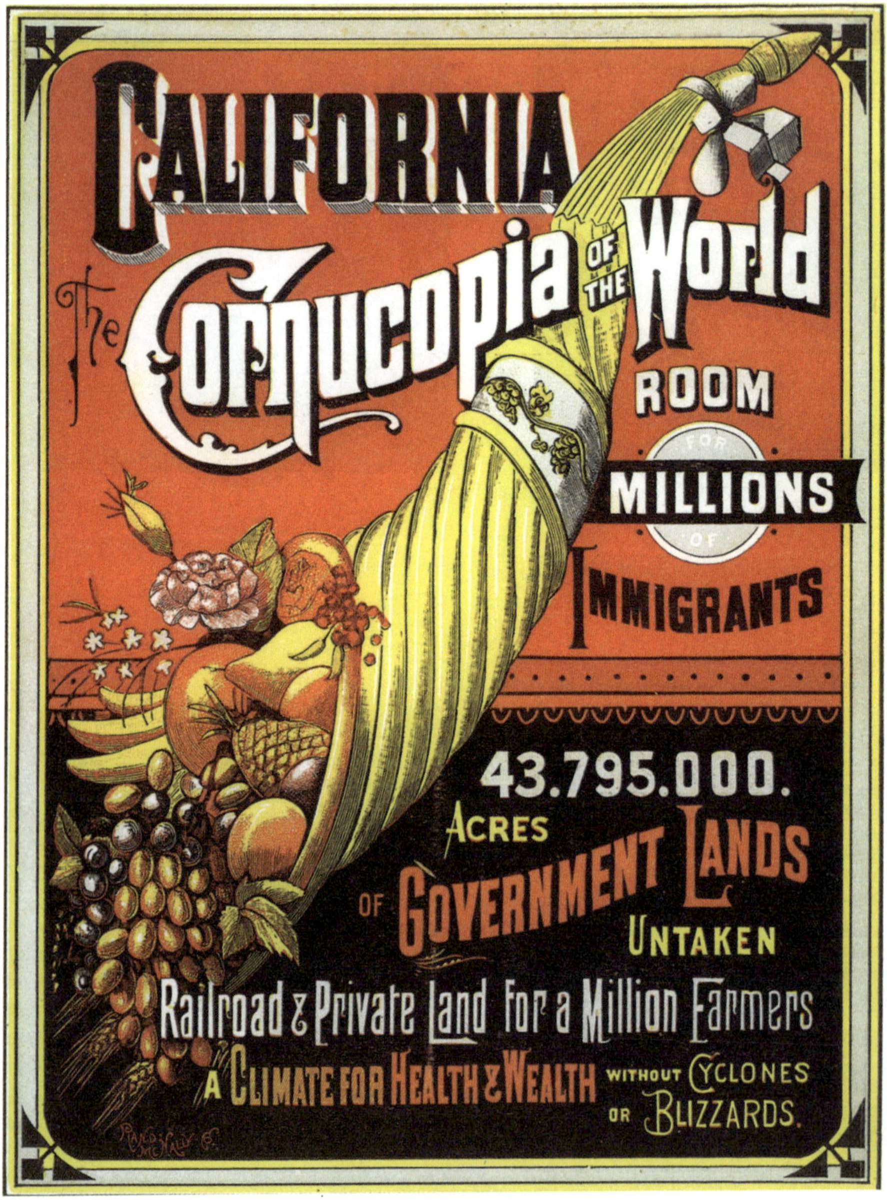
California
The Cornucopia of the World
Room for Millions of Immigrants
43.795.000.
Acres
of Government Lands
Untaken
Railroad & Private Land for a Million Farmers
A Climate for Health & Wealth without Cyclones or Blizzards.

FRÜHE OBSTGÄRTEN NORDAMERIKAS

Die Entwicklung der Obstgärten nahm in Nordamerika einen Weg, der sich in vielen Aspekten von dem in Europa unterschied. Zunächst reichte das Vorkommen wilder Früchte in den riesigen Wäldern des Kontinents viel weiter an die Gegenwart heran. Wild wachsende Früchte, Beeren und Nüsse stellten einen wichtigen Teil der Ernährung für die First Nations dar. In *New voyages to North America* (1703) schrieb der französische Baron de Lahontan, der Landschaften des heutigen Kanada und Amerika bereiste, über die Huron-Indianer dort, wo jetzt der nördliche Teil von Michigan ist, dass sie wilde Trauben, Pflaumen, Kirschen, Cranberries, Erdbeeren, Brombeeren, Himbeeren und Heidelbeeren pflückten sowie Wildäpfel in Ahornsirup einlegten und damit haltbar machten.

In den von den Engländern zuerst erschlossenen Gebieten an der Ostküste Amerikas gab es schon während der Kolonialzeit eine gut entwickelte Obstkultur. Captain John Smith von Jamestown erwähnte 1629 Äpfel, Pfirsiche, Aprikosen und Feigen. Der erste Gouverneur von Virginia, William Berkley, soll um 1642 rund 1500 Obstbäume auf seinem Landgut Green Spring gezogen haben. John Hammond bezeugte in seinem Bericht mit dem originell-ironischen Titel *Leah and Rachel; or, The Two Fruitfull Sisters, Virginia and Mary-Land* (dt. etwa: *Leah und Rachel; oder: Die beiden fruchtbaren Schwestern Virginia und Mary-Land*) 1656:

Mit diesem Plakat sollten am Ende des 19. Jahrhunderts Siedler nach Kalifornien gelockt werden

> Das Land ist voller prächtiger Obstgärten, und die Früchte sind im Allgemeinen süßer und ergötzlicher als hierzulande, wie etwa Pfirsiche und die Quitten beweisen. Letztere können mit Genuss roh gegessen werden, erstere unterscheiden sich von unseren und übertreffen sie so sehr, wie der schmackhafteste unserer Äpfel den Holzapfel, und aus beiden werden vorzüglichste und höchst wohltuende Getränke zubereitet, unzählige Arten von Trauben wachsen hier wild, und auch Walnüsse, Haselnüsse, Kastanien und eine Fülle vortrefflicher Früchte, Pflaumen und Beeren, die in *England* nicht wachsen oder bekannt sind …

Der noch in der Normandie geborene Hector St. John de Crèvecoeur (1735–1813), der zunächst einige Jahre als Kartenhersteller in Kanada gearbeitet, dort gegen die Engländer gekämpft hatte und der sich später anglisiert John Hector St. John nannte, hat sich mit seiner Frau vermutlich in Orange County, New York, niedergelassen und war dort von vielen Obstbäumen umgeben. Seine ausführlichen Schilderungen in *Sketches of Eighteenth Century America: More Letters from an American Farmer* (dt. etwa: *Skizzen aus dem Amerika des 18. Jahrhunderts: Weitere Briefe eines amerikanischen Farmers*) erlauben einen Blick in das Wirtschaften mit Äpfeln, wie es damals üblich war. Einmal erwähnt er, er habe »im Herbst einen neuen, zwei Hektar großen Apfelgarten angelegt, bestehend aus dreihundert und achtundfünfzig Bäumen«.

Was mit all den Früchten anstellen?

»Für Apfelwein sind sie weiß Gott nicht gedacht«, so de Crèvecoeur, der damit vermutlich die Vermutung zerstreuen wollte, es ginge ihnen darum, sich ständig zu betrinken (dies war noch bevor die Abstinenzbewegung einsetzte).

Und die sich an die Ernte anschließenden Aktivitäten, vor allem die Vorbereitung des Dörrens, waren durchaus dazu angetan, die guten nachbarschaftlichen Verhältnisse zu fördern:

> Die Frauen der Nachbarschaft werden eingeladen, den Abend in unserem Hause zu verbringen. Jede von ihnen bekommt einen Korb mit Äpfeln, die sie schälen, vierteln und entkernen. Diese Schalen und Kerngehäuse werden in einen weiteren Korb getan, und wenn die angestrebte Menge auf diese Weise erreicht ist, werden Tee, ein gutes Abendessen und die besten Dinge, die wir haben, aufgetragen. Gesellige Fröhlichkeit, Heiterkeit und Gesang fehlen dabei nie und beleben diese Abende, und obwohl unsere Becher weder den köstlichen Punsch der Westindischen Inseln noch die kräftigen Weine Europas enthalten, schenkt uns doch unser Zider jene Erfreuung einfacherer Art, mit welcher wir zufrieden sind.

Am nächsten Tag geht es mit der Errichtung eines Gerüsts weiter:

> Ist das Gerüst auf diese Weise errichtet, werden die Äpfel in einer dünnen Schicht darauf verteilt. Schon bald sind sie bedeckt mit sämtlichen Bienen, Wespen und saugenden Insekten der Nachbarschaft. Das beschleunigt den Trocknungsvorgang. Hin und wieder werden sie umgedreht. Nachts werden sie mit Tüchern abgedeckt. Ist Regen zu erwarten, werden sei eingesammelt und ins Haus gebracht. Das wird so lange wiederholt, bis sie ganz getrocknet sind.

Erwähnt wird zudem noch eine Methode, den Apfelwein zu einem sehr konzentrierten Schnaps (*apple brandy,* Apfelbranntwein) zu destillieren. Und als weitere Spezialität:

> Häufig machen wir Apfelbutter, die im Winter eine ganz vorzügliche Speise ist, besonders bei jenen, die viele Kinder haben. Zu diesem Zweck werden die besten, die schmackhaftesten unserer Äpfel geschält und gekocht, eine beträchtliche Menge süßen Apfelweines wird mit ihnen vermischt, worauf alles

> stark eingekocht wird. Eine gebührende Menge Quitten und Orangenschalen wird hinzugefügt. Dies wird hernach in irdenen Krügen konserviert und ist in unseren langen Wintern ein großer Leckerbissen, der von manchen Menschen hoch geschätzt wird. Es erspart Zucker und dient in den Händen einer sparsamen Ehefrau mehr Zwecken, als ich hier zu beschreiben vermag. So hat uns unser Fleiß gelehrt, das, was die Natur uns geschenkt hat, in solche Nahrung zu verwandeln, wie sie für Menschen in unserer Lage geeignet ist.

Von einigen amerikanischen Präsidenten ist bekannt, dass sie sich sehr für Obstbaumkultur interessierten. George Washington hatte ab 1760 in der Nähe von Mount Vernon, Virginia, Tausende von Setzlingen für Obstbäume gepflanzt. An vielen Stellen seiner Tagebücher erwähnte er Details zu dieser Beschäftigung, etwa die Veredelung diverser Bäume. Die geernteten Früchte wurden für Mahlzeiten verwendet, aber auch eingelegt und zu Cider verarbeitet. Einer seiner frühesten Einträge vom 24. März 1762, die einen Eindruck vom Detailreichtum vermitteln, lautet:

> 5 weitere [Reiser] derselben Kirsche auf Pfropfreiser veredelt, die nahe beisammen im Minze-Beet stehen.
>
> Außerdem 3 Ochsenherzen (von Oberst Mason), eines bei der Mauer zur Rechten des Tores – zwei weitere ebenfalls bei der Mauer zwischen den 5 Coronation-Kirschen & gegenüber den Pflaumenbäumen.
>
> Außerdem 4 weitere der schönen frühen Kirschen von Oberst Mason zwischen den vorg.[enannten] und den Kirschen, die vergangenes Jahr von dem Baum beim Reb[stock] veredelt wurden.

(Ochsenherz ist die mild süße Frucht eines Baumes namens *Annona reticulata*, die ihren Ursprung wahrscheinlich auf den Westindischen Inseln hat.)

1785 ließ George Washington Obstbäume aus dem Oberen Garten entfernen, um Platz für Gemüse, Blumen und 215 Apfelbäume zu schaffen, die er von einem gewissen Oberst Jenifer erhalten hatte. Innerhalb der Einfriedung des Gartens ließ Washington Bäume pflanzen und gleich unterhalb des Gemüsegartens von Mount Vernon einen Obstgarten. Auch auf den entlegenen Farmen kamen Obstgärten hinzu. Vor allem Äpfel, Birnen, Kirschen, Pfirsiche und Aprikosen wuchsen an Obstbäumen am Mount Vernon. Außerdem veredelten Washingtons Gärtner diese Bäume und zogen sie an Spalieren: Bei dieser Methode lässt man Bäume an Gittern oder Ziegelmauern entlangwachsen. Apfel- und Birnenspaliere wurden innerhalb des Gartens am Rande von Beeten angepflanzt, und Steinfruchtbäume wie Pfirsich, Kirsche und Aprikose wurden von seinen Gärtnern »an die Mauern genagelt«.

Die Gärtner waren wohlgemerkt Sklaven!

Auch Präsident Thomas Jefferson (1743–1826) ist für eine ähnliche Begeisterung bekannt. Er unterhielt zahlreiche Pflanzungen in Monticello, Virginia, und auf anderen Landgütern. Insgesamt 170 Obstsorten sollen es gewesen sein. Die Auswahl der Äpfel ist repräsentativ für die Region während dieser Zeit: Hewe's-Crab-Apfel, Albemarle-Pippin-Apfel, Esopus-Spitzenburg-Apfel, Roxbury-Russet-Apfel. Sein Favorit unter den Äpfeln war der als Taliaferro bezeichnete: »... der beste Cider-Apfel, den es gibt ... [Der daraus gewonnene Cider] reicht näher als jeder andere an den weichen Champagner heran.«

Seine Spur hat sich jedoch verloren, er wird nicht mehr angebaut und gibt Rätsel auf. Und wenn Jefferson die Früchte Europas und Amerikas miteinander verglich: »Sie haben keinen Apfel, der sich mit unserem Newton Pippin vergleichen ließe« (Der »Newton Pippin« wurde später »Albemarle Pippin« genannt). Jefferson soll das Veredeln übrigens seinem Gärtner überlassen haben; er selbst war nämlich der Auffassung, dass es besser sei, Obstbäume aus Samen zu ziehen!

Allerdings war das warm-feuchte Klima in Virginia vielen der

Herbstszene auf einer amerikanischen Farm von Currier & Ives (1868/69)

europäischen Obstarten wenig zuträglich. Insekten und Krankheiten standen der erfolgreichen Kultivierung von Birnen-, Pflaumen-, Mandel- und Aprikosenbäumen im Wege. Dennoch: Die »Seckel pear«, die aus der Umgebung von Philadelphia gekommen war, bezeichnete er als die »köstlichste Birne, die ich gekostet habe, seit ich Frankreich verließ & [sie] kam den besten dortigen Birnen gleich«. Ähnliches Lob hatte er für die Marseilles-Feige übrig: »die beste Feige, die ich je gesehen habe«.

Als 1848 die American Pomological Society gegründet wurde, war das auch eine Reaktion auf die Tatsache, dass minderwertige Obstsorten – ob Setzlinge oder die reifen Früchte – vielfach unter irreführenden Namen angeboten oder schon bekannte, erfolgreiche Sorten schlicht unter einem neuen Namen deklariert wurden. Raubkopien, wenn man so will, die eine ganze Branche in Verruf brachten. Ein Komitee der genannten Gesellschaft machte sich dann daran, einen Katalog zu erstellen, in dem Namen und Synonyme der Obstsorten aufgelistet wurden. Da sich Beschreibungen der Früchte meist in leicht Allgemeinplätzen erschöpften, die zu ihrer Verwechslung beitrugen, konnte das Problem zuverlässiger Identifizierung erst mit Bildern gelöst werden. Charles M. Hovey (1810–1887), ein in Massachusetts ansässiger Obstbauer, beauftragte den Künstler William Sharp damit, von Äpfeln, Birnen, Pflaumen, Pfirsichen und Kirschen Illustrationen anzufertigen. Ergebnis war ein zwei Bände umfassendes Werk mit 96 Früchten, das er im Namen der Gesellschaft als *The Fruits of America* (1848–1856) in Umlauf brachte. Das Projekt fand später seine Fortsetzung mit anderen Beteiligten, vor allem Joseph Prestele, der vor seiner Auswanderung nach Amerika am Königlichen Botanischen Garten in München als Zeichner beschäftigt war. Als es 1930 beendet wurde, hatten ganze 65 Künstler rund 7700 Aquarelle dafür angefertigt.

Julius Sterling Morton (1832–1902), Landwirtschaftsminister unter dem amerikanischen Präsidenten Grover Cleveland und Gouverneur des Territoriums, das der Bundesstaat Nebraska wer-

Kästen voller Pfirsiche verlassen den Obstgarten, Colorado (1940)

den sollte, hatte neben seinen politischen Verpflichtungen auch eine ausgeprägte Leidenschaft für Gartenbau. Als er sich mit seiner Frau in Nebraska City niederließ, erwarb er dort eine 160 Hektar große Farm, auf der er damit experimentierte, welche von ihnen unter diesen Bedingungen am besten gediehen. Laut einem Zeitgenossen hatten die Mortons 2000 Obstbäume mit den besten Apfel-, Pfirsich- und Pflaumensorten. Morton ging mit diesem 1872 gehaltenen Plädoyer in die Geschichte ein, in dem er einem Obstgarten einen wichtigen Platz im Rahmen der Bewegung nach Westen einräumt:

> Ein guter Obstgarten spendet Trost, denn er macht die neue Heimat der »alten Heimat im Osten« ähnlicher. … Obstgärten sind Missionare der Kultur und der Kultiviertheit. Sie machen jene Menschen, in deren Mitte sie wachsen, zu einem besseren und sorgfältigeren Menschenschlag. Wenn jeder Farmer in

> Nebraska einen Obst- und einen Blumengarten anpflanzt und dazu einige Waldbäume, wird daraus geistig und moralisch gesehen der beste Agrarstaat, die großartigste Produzentengemeinschaft der Amerikanischen Union werden. … Hätte ich dazu die Macht, ich würde jedermann im Staate, der ein eigenes Heim besitzt, dazu verpflichten, Obstbäume anzupflanzen und zu kultivieren.

Genau an dem Tag, als Morton seine Rede hielt, wurde in einer anderen Sitzung beschlossen, dass der 10. April künftig als »Arbor Day«, als Baumtag, gelten solle – eine Tradition, die seitdem ihren festen Platz unter den Feiertagen gefunden hat – das genaue Datum unterscheidet sich dabei heute jedoch von Region zu Region, je nach Vegetationsfortschritt. Für das Gebiet der »Great Plains« waren die Obstbäume umso bedeutender, da es in dieser Region kaum Wälder gab – bevor die weißen Siedler nach Nebraska kamen, waren nur drei Prozent der Fläche von Bäumen bestanden, meistens entlang der Flüsse. 1890 hatten die Siedler Nebraskas schon mehrere Millionen Bäume gepflanzt und der Landschaft vielerorts eine andere Anmutung gegeben. Auf den Farmen dienten sie auch dazu, Schutz vor starkem Wind zu bieten.

In der Mitte des 19. Jahrhunderts gab es eine wichtige Zäsur: Mit der um diese Zeit einsetzenden Abstinenzbewegung vernachlässigten mehr und mehr Bauern ihre Apfelhaine. Die Nachfrage nach Cider stagnierte aber auch, weil die zahlreichen deutschen Einwanderer Bier brauten und dieses Getränk den amerikanischen Geschmack offenbar besser traf.

Ob die Entwicklung, die nun ihren Lauf nahm, ausschließlich Morton zuzuschreiben ist, ist schwer zu bemessen, aber die Kultivierung von Apfelbäumen erlebte in Amerika eine Renaissance von bis dahin ungewohntem Ausmaß. Zu Beginn des 20. Jahrhunderts listete das U. S. Department of Agriculture in seiner *Nomenclature of the Apple* schon mehr als 17 000 Sorten auf. Entscheidend war, dass die Frucht zunehmend als gesunder Snack verstanden wurde, die früher zur Herstellung von Cider und Brandy verwendeten Sorten spielten kaum noch eine Rolle. Die Entwicklung beim Sortenwandel setzte sich weiter fort, nachdem 1920 die Prohibition vollständig in Kraft getreten war: »Sweet Cider« galt fortan als Euphemismus für Apfelsaft (der dann auch keinen Alkohol mehr enthielt).

Ralph Waldo Emerson, der sich bestimmt der Tatsache bewusst war, dass die kultivierten Äpfel nicht ihren Ursprung in Nordamerika hatten, schrieb sogar, »der Apfel ist unsere Nationalfrucht … Der Mensch erführe weniger Einsamkeit, weniger Freundschaft, weniger Beistand …, bliebe ihm diese zierliche und gesellige Frucht vorenthalten.« Und was ist mit *Apple Pie*? Harriet Beecher Stowe schrieb 1869: »Der *Pie* ist eine englische Tradition, die, auf amerikanischen Boden verpflanzt, fortan überall um sich griff und eine unerhörte Vielfalt der Gattungen und Arten hervorbrachte.« Zwar ist *Apple Pie* in Amerika schon seit dem 16. Jahrhundert verbreitet, aber die bekannte Redewendung »as American as apple pie« (dt.: »so amerikanisch wie *Apple Pie*«) kam erst etwa 1860 in Gebrauch.

Mit keiner anderen Person ist die Verbreitung des Apfels in Amerika so eng verbunden wie mit John Chapman (1774–1847) aus Longmeadow in Massachusetts. Im Jahre 1797, er war damals gerade 23 Jahre alt, soll er sich mit einigen Apfelkernen in seinem Rucksack auf den Weg gemacht haben. Die Legende behauptet, dass der angeblich immer barfuß laufende, nur mit einem Kaffeesack bekleidete und in Baumhöhlen schlafende »Johnny Appleseed« fortan immer weiter in den Westen vorgedrungen ist, und zwar auch über die Siedlungsgrenze, die *frontier*, hinaus, wo er mit den Kernen Baumschulen angelegt hat, den Siedlern zwei bis drei Jahre alte Bäume verkauft hat, bevor er weitergezogen ist. Er profitierte dabei von Vorgaben der Landvergabegesellschaften, etwa der Ohio Company of Associates, dass neue Siedler, die ihren Anspruch auf Land festigen wollten, in drei Jahren mindestens 50 Apfel- und 20 Birnbäume pflanzen mussten.

Ein großer Teil der amerikanischen Äpfel kommt von den üppigen Obstplantagen des Bundesstaates Washington. Als Cragg D. Gilbert um 1950 dieses Werbelabel schuf, bannte er als Bergsteiger die North Cascades-Bergkette im Norden des Bundesstaates mit auf das Bild

Zwischendurch soll er immer aus den Büchern des schwedischen Mystikers und Theosophen Emanuel Swedenborg vorgelesen haben, der nicht nur Gespräche mit Engeln und Geistern geführt haben will, sondern auch davon überzeugt war, dass alle materiellen Dinge Abbild der geistigen Welt seien und deshalb nicht manipuliert werden dürften. Daraus folgte dann wohl auch, dass Chapman – wie Jefferson – wenig Verständnis für das Veredeln von Bäumen zeigte; er verstand es als ein Einschreiten in den großen göttlichen Plan, der keinesfalls mit solchen Handgriffen durchkreuzt werden dürfte:

> Sie können den Apfel auf diese Weise vervollkommnen, doch das ist nur ein Kunstgriff des Menschen, und es ist sündhaft, Bäume auf diese Weise zu zerschneiden. Das richtige Vorgehen

ist, gute Samen auszuwählen und sie in gutem Boden auszusäen, und Gott allein vermag es, den Apfel zu vervollkommnen.

Zu bedenken bleibt allerdings, dass die Äpfel zu dieser Zeit vor allem als Schweinefutter oder zur Herstellung von alkoholischem *Hard Cider* verwendet wurden – da kam es eben gar nicht so sehr auf den Geschmack an wie bei Tafeläpfeln.

Gewisse Zweifel am Mythos scheinen berechtigt. War er wirklich der Märtyrer, als der er in vielen Geschichten dargestellt wurde? Hat Johnny seine Apfelbäume tatsächlich ausschließlich aus Kernen gezogen? Und haben sich die Siedler, denen er sie verkauft hat, wirklich an seine Weisung gehalten, weitere Bäume nur aus Kernen wachsen zu lassen?

Weniger mit Unklarheiten behaftet ist eine Entwicklung, die geholfen hat, eine ganze Region zu verändern: der Anbau von Orangen in Südkalifornien, zwischen Los Angeles und Riverside. 1873 wurden dort die ersten Navel-Orangenbäume gepflanzt – die Setzlinge waren aus Brasilien gekommen. Im Laufe des folgenden Jahrzehnts waren es schon eine ganze Million Bäume. Bis in die frühen 1880er Jahre gab es noch viele Weinreben, die dann aber der Braunfäule zum Opfer fielen. Orangenbäume dagegen waren vielfach von Schildläusen befallen, diese konnten aber mit *Vedalia cardinalis*, einer aus Australien herbeigeholten Marienkäferart, unter Kontrolle gebracht werden. 1886 brachte Wolfskill den ersten Zug mit Orangen in den Osten Amerikas – die Santa Fe Railroad hatte ihr Netz gerade nach Los Angeles erweitert. Geworben wurde mit dem Slogan »Oranges for Health, California for Wealth«. Bald ging man auch dazu über, die für den Transport vorgesehenen Kisten mit schönem Papier mit Farbaufdrucken auszulegen.

Zu lösen war das Problem effektiver Bewässerung. Man musste es schaffen, das Schmelzwasser der San Gabriel Mountains auf effiziente Weise in Kanäle umzuleiten, und dabei von vornherein Streitigkeiten zwischen den Nutzern ausschließen. Die entscheidende

Person war der kanadische Ingenieur George Chaffey (1848–1932), geboren in Kingston, Ontario, der 1862 mit seinem Bruder William, einem Gartenbauer, Land erwarb, auf dem später die Städte Ontario und Upland entworfen wurden. Mithilfe der Mutual Water Company, einer Kooperative, stellte Chaffey den gleichberechtigten Zugang der Siedler zu Wasser aus dem San Antonio Canyon sicher, das durch Betonrohre zu jedem Grundstück geleitet wurde. Das war nur eine der vielen Innovationen Chaffeys, von denen die Infrastruktur Südkaliforniens profitierte.

Verschiedene Faktoren, unter anderem eine Verfünffachung der Grundstückspreise innerhalb des Jahres 1887 und der Verlust der Kontrolle über die Absatzwege, ließen die Zitrusbranche dann zunächst enorm unter Druck geraten. Aber nachdem sich die Obstbauern zu Beginn des neuen Jahrhunderts in einer Kooperative zusammengeschlossen hatten, befand sich die Industrie bald wieder im Aufwind.

Man hatte inzwischen verstanden, dass ein Windschutz von entscheidender Bedeutung für das Gedeihen der Bäume ist. Die Wahl fiel oft auf Eukalyptusbäume, die so schnell wuchsen, dass die windempfindlichen Orangenbäume schon nach zwei oder drei Jahren angepflanzt werden konnten, in Reihen mit einem Abstand von etwa sieben Metern. Die Plantagenarbeiter, zum großen Teil Chinesen, Filipinos, Japaner und Mexikaner, schützten die Stämme der Bäume mit Maisstengeln, um Hasen abzuwehren. Sobald Frost die Pflanzen bedrohte, wurden am Rand der Gärten große Feuer entzündet. Die dabei entstehenden dicken Rauchwolken sollten das Eindringen eiskalter Luft in die Plantagen erschweren.

Die Früchte, in Kisten verpackt, mit farbenprächtigen Etiketten vom Sonnenland Kalifornien versehen, hatten dann den Effekt, dass immer mehr Menschen, Touristen wie Siedler, neugierig auf das Land am Pazifik geworden sind und sich auf dem Weg machten. Als dann auch noch die Unterhaltungsindustrie Fuß fasste, war es um das Schicksal Südkaliforniens geschehen: Die Bodenpreise vervielfachten sich weiter, und die Plantagen waren bald nicht mehr zu halten. Die Orangenbauern fanden dann im Central Valley eine neue Heimat. Erwähnenswert ist der Anbau von Grapefruits in Florida und Kalifornien, deren Name vermutlich auf eine sehr alte und inzwischen verschwundene Sorte zurückgeht, deren Früchte wie Trauben von den Bäumen hingen. Es handelte sich um Monokulturen, bei denen viele Pestizide eingesetzt wurden.

Zu den für die Entwicklung der Apfelindustrie im amerikanischen Nordwesten entscheidenden Personen werden der Quäker und Abolitionist Henderson Luelling (1809–1878) und sein Schwiegersohn William Meek gezählt, die mit ihrem mit kleinen Apfelbäumen gefüllten Planwagen 1847 von Iowa nach Oregon und Kalifornien aufbrachen und dann auch in den Pazifischen Nordwesten, in den Bundesstaat Washington gingen, um dort Apfelplantagen anzulegen. Als später die Eisenbahnverbindung von Osten nach Westen geschlossen wurde, entwickelte sich Washington State zum größten Apfelanbaugebiet der Welt. Das von vielen Apfelplantagen umgebene Wenatchee, rund 150 Kilometer östlich von Seattle gelegen, bezeichnet sich sogar selbstbewusst als »Apple Capital of the World«, als Apfelhauptstadt der Welt.

Von der Möglichkeit, die Obsternte zügig mithilfe der Eisenbahn zu transportieren, profitierten natürlich auch andere Arten von Früchten, zum Beispiel die empfindlichen Pfirsiche, deren Kultivierung auf dem Boden der Vereinigten Staaten bis in die Kolonialzeit zurückreicht. Philip Roth hat dem in seinem Roman *Amerikanisches Idyll* (1997) – wohlgemerkt frei komponiert – ein Denkmal gesetzt (hier am Beispiel von New Jersey und New York):

> … [D]ie Eisenbahnstrecke …, auf der um die Jahrhundertwende die Pfirsiche aus den Obstplantagen von Hunterdon Country von Whitehouse nach Morristown gebracht wurden. Dreißig Meilen Gleisanlagen, nur um Pfirsiche zu transportieren. Damals hatten die wohlhabenden Bürger der großen

Orangenernte in Südkalifornien

Städte eine Vorliebe für Pfirsiche, und so wurden sie von Morristown nach New York weiterbefördert. Der Pfirsich-Expreß. Das war schon was. Siebzig Waggons voll Pfirsiche kamen an guten Tagen aus Hunterdon. Zwei Millionen Pfirsichbäume gab es da, bis irgendeine Seuche sie alle dahinraffte.

Vergessen wir dennoch nicht, dass die Konzentration der Produktion auf bestimmte Regionen ein vergleichsweise neues Phänomen ist und es noch gar nicht so lange her ist, dass fast jede amerikanische Familie, die eine Farm besaß, auch einen Obstgarten ihr Eigen nennen konnte. Und bevor sich die Bevölkerung in den Städten zu konzentrieren begann, hatte fast jeder eine Farm! In Neuengland existieren einige dieser traditionellen Obstgärten, die auch aufgesucht werden können, bis heute: Lyman Orchards in Middlefield, Connecticut, etwa kann seine Wurzeln bis ins Jahr 1741 zurückverfolgen. Der Schwerpunkt lag damals auf der Produktion von Pfirsichen.

In der Nähe des Hauses von Jonathan Fisher, dem ersten Kongregationspfarrer in Blue Hill, Maine, der in dieser Funktion von 1794 bis 1837 tätig war, wurde ein »Heritage-Obstgarten« angelegt, der sich um einen 200 Jahre alten Birnbaum gruppiert, der offenbar seinerzeit von Fisher gepflanzt wurde.

Die Lookout Farm, 1650 von dem puritanischen Missionar John Eliot und einer kleinen Gruppe von Siedlern in Natick, Massachusetts, begründet, ist heute zu einer Farm mit 60 000 Bäumen angewachsen, auf der neben Birnen, Pfirsichen und Pflaumen elf Apfelsorten angebaut werden. Besucher der Anlage können dort nach Herzenslust ihre eigenen Früchte auswählen. Diese Selbstbedienungsidee geht auf einen Farmer aus New Hampshire in den 1920er Jahren zurück, traf einen Nerv und ist heute in vielen Ländern beliebt.

Noch weitere Geschichten sind zu erzählen. Italiener, die Ende des 19. Jahrhunderts in die Vereinigten Staaten einwanderten, brach-

Sind Grapefruits wirklich so groß, wie dieses Bild zu suggerieren scheint? (1909)

ten Artischockensamen und Weinreben-Stecklinge mit – sowie Feigenbäume. Sogar in Hinterhöfen von Pittsburgh oder Cleveland, wo niemand erwartet hätte, dass sie Wurzeln schlagen würden, tauchten Feigenbäume auf, und die Menschen sorgten dafür, dass ihre Bäume den Winter überlebten. Die beliebten Früchte trugen dazu bei, dass die Menschen ihrem Heimatland emotional verbunden blieben. Diese Praxis war so weit verbreitet, dass man an den Feigenbäumen erkennen konnte, wo Italiener – zukünftige Italo-Amerikaner – zu Hause waren. Überraschenderweise haben viele dieser Bäume bis heute überlebt. Jedes Jahr werden die heranwachsenden Früchte durch alte Zwiebelsäcke geschützt, um Vögel fernzuhalten. Seit über zehn Jahren dokumentiert das »Italian Garden Project«, ein lebendes Archiv italienisch-amerikanischer Gärten und ihrer Besitzer, die Bäume und deren genaue Lage. Dieses Bewusstsein hilft Amerikanerinnen und Amerikanern mit italienischen Vorfahren dabei, ihr kulturelles Erbe lebendig zu halten.

OBSTGÄRTEN IN DEN TROPEN

Mit den fleischigen tropischen Früchten ist das so eine Sache. Es gibt sie in der Wildnis in Überfülle, doch die Pflanzen müssen auch gepflegt und vor Krankheiten und Parasiten geschützt werden, damit Menschen überhaupt von ihnen profitieren können. Hier und da dürfte die Entwicklung in den Tropen ähnlich verlaufen sein wie in klimatisch weniger extremen Regionen: Wenn den Menschen eine Frucht des Waldes besonders gut gefiel, gruben sie den Baum aus und pflanzten ihn in die Nähe ihres Hauses, wo er dann bessere Bedingungen vorfand: Dort wurde er nicht mehr von seinen Konkurrenten behindert und profitierte vermutlich auch von gelegentlicher Düngung durch Küchenabfälle.

Viele Menschen in den westlichen Industrieländern haben die romantische Vorstellung, dass tropische Wälder unberührt seien und sich daran nichts ändern solle, doch der Mensch lebt seit Hunderten, wenn nicht gar Tausenden von Jahren mit diesen Wäldern und hat sie verändert. Charles M. Peters, botanischer Kurator des Botanischen Gartens von New York, betreibt seit Jahrzehnten weltweit Feldforschung in tropischen Wäldern. In *Managing the Wild* erinnert er uns daran, dass »die Aktivität des Menschen in vielen Fällen tatsächlich die Artenvielfalt der tropischen Wälder erhöht hat, da er neue Habitate schuf, selektiv Unkräuter jätete und neue Arten einführte«.

Dschungelszene in Südasien mit Orang-Utan, Wasserbüffel und Brotfruchtbaum (19. Jh.)

Doch begeben wir uns in die Vergangenheit. In Mittelamerika begann die Landwirtschaft später als in der Region des Fruchtbaren Halbmonds; etwa vor 8000 Jahren. Im tropischen Südamerika begann sie noch einmal deutlich später, vor etwa 4000 Jahren. Mais, der in den sommerlich feuchten und winterlich trockenen Flusstälern Westmexikos wuchs, wurde zuerst domestiziert. Seit jeher gab es auch ein reiches Angebot an Früchten – Mangos (nachweislich zuerst in Indien angebaut) und Bananen (erste klare Belege für Kultivierung in Neuguinea) etwa, die damals allerdings noch anders aussahen, viel kleiner waren als heute. Zu nennen sind auch Ananas, Papaya, Grenadille (Maracujá), Sternfrucht (Caimito), Guave, Pfirsichpalme, Açaí und Kakao – um nur die geläufigsten zu nennen.

So groß der Reichtum an Früchten auch ist, gerät das begriffliche Verständnis von »Obstgärten« in Teilen der Erde, deren Traditionen und Kulturen nicht mit Europa und dem Nahen Osten in Verbindung stehen, schnell an seine Grenzen.

Als die spanischen Eroberer nach Mittelamerika kamen, waren sie überrascht von den berühmten königlichen Gärten der Azteken, die voller ornamentaler, aromatischer und medizinischer Pflanzen waren, die von vielen Arbeitskräften gepflegt wurden. Sie befanden sich oft auf Hügeln und Bergen in der Nähe von Quellen und Höhlen. Die symbolische Bedeutung dieser Gärten, ebenso wie die an Mythen reiche Weltsicht der Menschen, ist heute recht gut erforscht. Auch die Pflanzen waren den Göttern zugeordnet bzw. hatten sogar eine gottgleiche Funktion. Ein Beispiel ist die Kaktuspflanze Quetzalmizquitl *(Parkinsonia aculeata)*; sie besitzt große Blätter, die an Federn erinnern.

Sie wurde mit dem Gott Quetzalcoatl, der gefiederten Schlange, in Verbindung gebracht, einem der wichtigsten Götter der Azteken. Viele dieser Pflanzen wurden von Schamanen verwendet. Für die Verwendung als Lebensmittel vorgesehene Pflanzen gab es in diesen Gärten nicht, sie wurden von Angehörigen niedriger Klassen zugeliefert, durch Tribut. Der im 16. Jahrhundert lebende spanische

Geistliche und Gelehrte Cervantes de Salazar schrieb in einem Kapitel seiner *Chronica de la Nueva Espagna* mit dem Titel »Von den Gärten, die Montezuma zu seiner Erholung aufsuchte«:

> In diesem Blumengarten gestattete Montezuma es nicht, Gemüse oder Obst anzubauen, da es eines Königs nicht würdig sei, dass in seinem Lustgarten Pflanzen zum Nutzen oder zum Gewinn kultiviert würden. Er sagte, Gemüse- und Obstgärten seien etwas für Sklaven und Händler. Gleichwohl besaß er solche Gärten, doch sie lagen weit entfernt, und nur selten besuchte er sie.

Dennoch gab es offenbar auch Gärten, die einer anderen Logik folgten. Der Spanier Hernan Cortés, der das Aztekenreich eroberte, beschreibt in *Cartas de Relación* (1519) etwas genauer, wie diese Pflanzungen ausgesehen haben, am Beispiel des botanischen Gartens von Huastepec (Oaxtepec):

> Es war der großartigste, schönste und größte, den man je gesehen hat, mit einem Umfang von zwei Meilen, und ein hübsches Bächlein mit hohen Ufern durchströmte ihn von einer Seite zur anderen … Es gab Behausungen, Lauben und belebende Gärten und eine unendliche Zahl verschiedener Obstbäume, viele Kräuter und duftende Blumen. Man war wahrlich erfüllt von Bewunderung, die Erhabenheit und erlesene Schönheit dieses ganzen Obstgartens zu erblicken.

In Huastepec wurden Gottheiten angebetet, die für Fruchtbarkeit, Fortpflanzung, Tanz und Gesang standen. Über die Maya, die seit mehreren Jahrtausenden vor unserer Zeitrechnung in Mittelamerika zu Hause waren, weiß man, dass sie viele Bäume kannten, die nicht nur ornamentalen Charakter hatten: Ihr Kapokbaum galt als heilig und symbolisierte die Aufteilung der Welt; seine Wurzeln reichten bis in die Unterwelt, und in seiner Krone saßen die Götter. Die Samen des Brotnussbaums lieferten das Mehl für Tortillas, Kakao wurde als bitteres Getränk zubereitet, mithilfe der Früchte des Pimentbaums gaben sie ihren Mahlzeiten Schärfe, und aus dem zähen Harz des Kautschukbaums formten sie Gummibälle, die sie für Spiele verwendeten. In der Umgebung der Ruinen der antiken Stadt Tikal im nördlichen Guatemala, das um das Jahr 900 wegen einer nicht enden wollenden Dürreperiode von den Bewohnern verlassen wurde, sind diese Baumarten bis heute zu finden. Wurden die Bäume dort gezielt in Gärten angebaut oder wuchsen sie wild?

Vor allem in den ländlichen Regionen Amazoniens gedeihen mehrere Dutzend Palmenarten, die Früchte tragen, die bis heute konsumiert werden. Der amerikanische Naturkundler Herbert Smith, der Brasilien in den 1870er Jahren bereiste, beschrieb sie eindringlich:

> Gleich aus dem Wasser heraus erhebt sich der Wald wie eine Wand – dicht, dunkel, undurchdringlich, eine 30 Meter hohe Blätterpracht. Und überall aus den aufgehäuften Massen brechen die Palmen zu Tausenden hervor. Denn hier halten die Palmen Hof; nirgendwo sonst auf der weiten Erde ist ihre Herrlichkeit so sehr enthüllt, wie wir sie hier sehen.

Der Evolutionsforscher Alfred Russel Wallace widmete ihnen mit *Palm Trees of the Amazon and their Uses* sogar ein ganzes Buch – fein säuberlich hat er darin jeder behandelten Palmenart eine Zeichnung beigestellt und erklärt die jeweiligen Verwendungen der Pflanzenteile, ebenso Färbung und Geschmack der Früchte – bei weitem nicht alle sind essbar.

Menschen könnten diese Region schon vor mindestens 20 000 Jahren erreicht haben, als der Meeresspiegel noch niedriger war, weil riesige Mengen Wasser noch in den Eismassen gebunden waren. Der heutige Pegel an der Küste Brasiliens wurde erst vor etwa 5000 Jahren erreicht, Lager in Wassernähe – sowohl am Meer als auch an den Flüssen – dürften also von Wasser geflutet worden sein. Selbst wenn viele der später bewohnten Lager inzwischen lange aufgegeben worden sind, wurden in ihrer Umgebung Frucht- und Nussbäume gepflanzt. Und diese Anpflanzungen existieren gewissermaßen als »Fingerabdrücke« früherer Siedlungen bis heute. Es sind mit dem Begriff *terras preta de índio* belegte Gebiete (Schwarzerde Amazoniens), was auf die Verwendung von Pflanzenkohle hinweist, um die relativ unfruchtbare Erde mit Nährstoffen anzureichern. Wissenschaftler haben auf die Palmenarten Açaí, Tucumã-do-Pará und Moriche mit ihrer Frucht, deren Schale eine schöne rautenförmige Struktur besitzt, hingewiesen, die sie als verlässliche Indikatoren für diese Erde verstehen. Über andere Palmenarten wiederum ist bekannt, dass sie den Brandrodungen zugunsten der Landwirtschaft besonders gut widerstehen können. »Viele Gebiete des Amazonastieflands mögen ›ursprünglich‹ wirken, aber tatsächlich sind die Wälder das Ergebnis alter Aufforstung oder Mosaike aus Gärten im Rahmen eines Waldes«, so der amerikanische Geograf Nigel Smith. Jüngste archäologische Forschungen haben ergeben, dass Menschen im Amazonasgebiet bereits vor 4000 Jahren begannen, die Bambuswälder niederzubrennen und das Wachstum etwa von Palmen, Zedern oder Paranussbäumen zu unterstützen – beides gilt als nachhaltige Praxis.

Anderen Untersuchungen zufolge wurden Bananen von der indigenen Bevölkerung am Amazonas 2000 Jahre lang domestiziert. Auch in den zentralen Anden gibt es Hinweise auf viele Arten Pflanzen, Bäume und Früchte in präkolumbianischer Zeit – vor allem auf Keramiken der Moche-Kultur. Für Pfeffer, Mais, Erdnuss, Kartoffel, Squash, Süßkartoffel gilt als sicher, dass sie gezielt kultiviert wurden. Bewässerungssysteme lassen auf einen hohen Grad der landwirtschaftlichen Entwicklung schließen, so wurden beispielsweise Hacken und Grabstöcke gefunden. Im Falle von Avocado, Guave, Papaya und Ananas ist es möglich, dass sie auch noch in wilder Form gesammelt wurden.

Die indigene Bevölkerung steht heute unter enormem Druck. Entlang beliebter Waldpfade betreiben die Menschen traditionell ein ganzes Mosaik kleiner Gärten, Bauminseln, mit deren Hilfe sie sich während ihrer Wanderungen und Jagdausflüge mit Proviant versorgen können. Erst im Laufe der vergangenen Jahrzehnte konnte mit dem Vorurteil aufgeräumt werden, dass im Übergangsbereich von Wald und Savanne lebende indigene Gruppen ausschließlich Wildbeuter seien, die keinen Landbau betreiben.

Ein außergewöhnliches gärtnerisches Experiment gab es im Brasilien des 17. Jahrhunderts. Auf der Insel Antônio Vaz legte der niederländische Feldmarschall und Gouverneur Johan Maurits (Johann Moritz Fürst von Nassau-Siegen, 1604–1679) einen großen tropischen Garten an, der wie ein Mikrokosmos die Naturgeschichte der Erde in sich vereinigen und abbilden sollte. Er lag neben Mauritsstad, das nach der Besetzung des Landes 1630 gegründet wurde und die ideale Stadt verkörpern sollte. Die Anlage dieses Gartens beinhaltete auch den Versuch, die bei den Kolonisatoren als chaotisch empfundene Flora dieser Region in eine geometrische Gartenordnung zu bringen. Die Anlage des Vrijburg-Palastes schrieb dabei die Hauptachse des Gartens vor. Zu den Pflanzen, die ursprünglich aus anderen Teilen der Erde gekommen waren, zählten die Kokospalmen, die in Form von Alleen gepflanzt wurden und die Gartenlandschaft dominierten. Man entschied sich, ausgewachsene Palmen heranzuschaffen, die zuerst um 1560 in den Nordosten Brasiliens eingeführt worden waren und sich schnell akklimatisiert hatten. Der holländische Humanist Caspar Barlaeus beschrieb das in seinem Bericht wie folgt:

> Der Graf befahl, sie auf vierrädrigen Karren aus drei oder vier Meilen Entfernung herzubringen, sie also geschickt zu entwurzeln und mittels über die Flüsse geschlagener Pontons auf die Insel zu transportieren. Der wohlwollende Boden nahm die neuen Pflanzen, welche nicht allein durch Arbeit, sondern ebenso durch Ideenreichtum versetzt worden waren, gut an,

Tropische Früchte (1896)

> und solche Fruchtbarkeit wurde diesen alten Bäumen gegeben, dass sie, entgegen den Erwartungen aller, schon bald im ersten Jahre nach der Versetzung, in einem wundervollen Eifer, etwas hervorzubringen, Früchte in überaus reicher Zahl trugen. Sie waren bereits siebzig- oder achtzigjährig, und so schmälerten sie den Glauben an das alte Sprichwort: »Alte Bäume versetzet man nicht.«

Ein Teil der Anlage bestand aus einem rechteckigen Obstgarten mit Zitrusfrüchten, ein weiterer war mit Granatapfelbäumen und Weinreben bepflanzt. Auch viele indigene Pflanzen wurden dort angebaut. Und es gab einen »Garten mit Bäumen, Banane genannt« – von den Portugiesen war die damals erst kurze Zeit zuvor aus Guinea nach Südamerika eingeführte Pflanze zuerst »indischer Feigenbaum« genannt worden (bis heute werden kleine Kochbananen auf den Westindischen Inseln *figs*, also »Feigen«, genannt). Maurits lud auch Wissenschaftler aus Europa ein, den Garten zu untersuchen. Folgen wir noch einmal Barlaeus:

> Hinter der Kokosnuss-Plantage war ein Platz 252 Orangenbäumen vorbehalten; zusätzlich zu den 600, welche, hübsch einer neben dem anderen angeordnet, als Zaun dienten und die Sinne mit der Farbe und dem Duft ihrer Früchte erfreuten.

Das Areal war von Bewässerungskanälen durchzogen. Unterbrochen wurde es von großen Becken, in denen Fische gehalten wurden, sowie von Geflügelgehegen. Überhaupt wurden alle erdenklichen Tiere herangeschafft, auch wilde Schweine und unzählige Kaninchen, sodass man sich nur darüber wundern kann, wie das alles im Einklang miteinander leben konnte. Glauben wir Barlaeus, war die Anlage wie ein irdisches Paradies beschaffen, noch dazu das ganze Jahr über:

> Solcher Natur sind besagte Bäume, dass sie das ganze Jahr über Blüten zeigen, reife Früchte zugleich mit ihrem Grün, als erlebte ein und derselbe Baum, in verschiedenen seiner Teile, Kindheit, Jugend und Mannesalter zur selben Zeit.

Eine halbe Erdumdrehung weiter, in Sri Lanka – der früher Ceylon genannten Insel, die einst fast vollständig mit Regenwald bedeckt war –, finden wir bis heute ein faszinierendes Beispiel für einen von rein praktischen Überlegungen getragenen Umgang mit Fruchtbäumen in den Tropen. Dort gibt es Baum-Nutzgärten, sie stellen die vorherrschende Form der Landnutzung dar und werden *Gewattas* genannt. Ihre Ökologie wurde erst in den letzten Jahrzehnten genauer erforscht, unter anderem von der österreichischen Biologin Karin Hochegger. Als sie ihre Untersuchung *Farming like the Forest* (1998) veröffentlichte, bestand noch ein gutes Achtel der Inselfläche aus solchen Gärten. In den von Frau Hochegger genauer unter die Lupe genommenen 158 Gärten, die im Durchschnitt eine Fläche von 5250 Quadratmetern umfassten, zählte sie 206 verschiedene Baumarten. Im Schnitt weist jeder dieser Gärten mehr als 50 Pflanzenarten auf. Zudem beleben viele Arten von Vögeln, kleinen Säugetieren, Schmetterlingen und diversen anderen Insekten das Bild. Kleine Pfade führen durch den Garten. Typischerweise befindet sich etwas weiter vom Hauptgebäude entfernt der Brunnen, an dessen Wänden Farne emporwachsen, von denen es heißt, dass sie das Wasser sauber halten.

Da die einzelnen Gärten nicht durch Zäune voneinander abgegrenzt werden, erschließt sich für den Besucher nicht ohne Weiteres, wo das Gebiet einer Familie endet und das einer anderen beginnt. Obstbäume und andere Bäume mit besonders wertvollen Pflanzenteilen wie Pfeffer *(Piper nigrum)*, der an kleinen Bäumen der Art *Gliricidia sepium* emporklettert, befinden sich meistens in der Nähe der Häuser. Sie dienen damit weniger der Abgrenzung des Besitzes als andere heckenförmig wachsende Büsche.

Die Gewattas sind besonders typisch für die Region um die alte Königsstadt Kandy im Inneren der Insel und liegen zwischen 300 und 900 Meter über dem Meeresspiegel. Auf den deutschen (und heute vor allem wegen seiner rassistischen und eugenischen Vorstellungen umstrittenen) Evolutionstheoretiker Ernst Haeckel machten diese »Waldgärten«, wie er sie nannte, nachhaltigen Eindruck. Er schrieb 1884, nach seiner viermonatigen Exkursion auf die Insel:

> Von ganz besonders schöner Wirkung ist in dieser ceylonesischen Niederlandschaft die Mittelstellung, welche sie zwischen Garten- und Waldlandschaft, zwischen Cultur und Natur einnimmt. Oft glaubt man mitten im schönsten wilden Walde zu sein, rings umgeben von hohen prächtigen Bäumen, die mit Schlingpflanzen behangen und überwuchert sind. Aber eine Hütte, die ganz im Schatten eines Brotfruchtbaumes versteckt ist, ein Hund oder ein Schwein, das aus dem Gebüsch hervorkommt, spielende Kinder, die unter Caladiumblättern sich verbergen, belehren uns, daß wir nur in einem ceylonesischen Garten uns befinden. Und umgekehrt bietet der wirkliche Wald, der an letzteren anstößt, mit seiner mannigfaltigen Zusammensetzung aus den verschiedensten tropischen Bäumen, mit den

Ein typischer Gewatta in Sri Lanka

> Orchideen, Gewürznelken, Lilien, Malvaceen und anderen prächtigen Blüthenpflanzen, soviel Abwechslung, daß wir in einem schönen Baumgarten zu sein glauben. Diese eigenthümliche Harmonie zwischen Natur und Cultur spricht sich auch in der menschlichen Staffage dieser Waldgärten aus …

Früher waren die Wohnhäuser nicht so stark über die Landschaft verteilt, wie das heute der Fall ist; der Schutz vor angriffslustigen wilden Tieren war damals der Grund dafür, die Häuser dichter beieinander zu errichten. Und die Zusammensetzung der Baumarten unterlag im Laufe der Zeit erheblichen Veränderungen. Das hatte sowohl mit den Bedürfnissen der Bewohner zu tun als auch mit den neuen Arten, die von den Kolonialmächten und Handelsleuten auf die Insel eingeführt wurden. Noch weiter in die Vergangenheit blickend schreibt Hochegger:

> Mehr als 2000 Jahre an landwirtschaftlicher Tätigkeit haben zu einer Selektion von nutzbaren Arten an Bäumen, Sträuchern

> und Kräutern geführt, die nahe den Siedlungen kultiviert werden können. Wir können davon ausgehen, dass die ersten Siedler Früchte, Nüsse oder Harze im Regenwald sammelten. Tatsächlich könnte es sein, dass die meisten Pflanzen von selbst in der Nähe der Häuser keimten, nachdem die Samen dort mit den Küchenabfällen entsorgt wurden. Wenn neue Pflanzen in der Nähe der Häuser keimten, wurden sie wohl beobachtet und manchmal auch identifiziert, welcher Baum da heranwächst. Nachbarn tauschten nützliche Arten, Händler brachten neue Sorten und durch Versuch und Irrtum entstand im Laufe der Zeit der immense Reichtum an Nutzpflanzen, den wir heute in den traditionellen Gewattas finden.

Typisch für die Gewattas ist der Jackfruchtbaum *(Artocarpus heterophyllus)*, dessen Früchte bohnenförmige Kerne enthalten, die im reifen Zustand einen stechenden Geruch verbreiten, aber essbar sind und wegen ihres Stärkegehalts als Alternative für Reis dienen. Die hoch wachsende Kokospalme, deren Früchte zwölf bis vierzehn Monate für die Reifung benötigen und von denen jeder ausgewachsene Baum pro Jahr fünfzig bis achtzig Stück liefert, bildet gemeinsam mit dem viel Raum einnehmenden Jackfruchtbaum die »Baumkrone« oder oberste »Etage« der Gärten. Ein Stockwerk darunter gibt es Mangobäume, die ursprünglich vom indischen Subkontinent kamen und aus Samen gezogen werden können. Es gibt sie in vielen verschiedenen Sorten – die Früchte können von grüner, gelblicher oder roter Farbe und unterschiedlich geformt sein. Orangen- und Zitronenbäume halten Insekten vom Haus fern. Auch Guaven-, Avocado- und Brotfuchtbäume, Betelnusspalmen, Bananenstauden und Papayabäume, botanisch gesehen ein baumförmiges Kraut, gibt es – Letztere gehören zu den Pflanzen, die erst mit den Portugiesen, Holländern und Engländern im 16. Jahrhundert nach Sri Lanka kamen. Die leicht ovalen, aromatischen Früchte der Bengalischen Quitte *(bael, Aegle marmelos)* benötigen eine Reifezeit von etwa elf

Monaten, bevor sie mit einem Hammer oder einer Machete aufgebrochen werden können. Das schleimige Fruchtfleisch, dessen Aroma entfernt an Mangos und Bananen erinnert und dessen Konsistenz mit Marmelade oder geschmolzener Eiscreme vergleichbar ist, wird oft für die Bereitung eines Getränks verwendet.

Das Pflanzenchaos aus Bäumen, Sträuchern, Kletterpflanzen und krautigem Unterwuchs verbirgt eine symbiotische Welt, in der alles seinen Platz und seine Verwendung hat. Die Bewirtschaftung dieser von Jahreszeiten unabhängigen Gärten folgt dem Toleranzprinzip »einfach wachsen lassen« oder »was sich von selbst entwickelt«. Das heißt, man kämpft nicht gegen die Wildheit oder gegen bestimmte »Un«-Kräuter an, sondern lässt sie gewähren, weil man davon überzeugt ist, dass allen Pflanzen innerhalb des großen Ganzen eine wichtige Funktion zukommt. Und obwohl die Gewattas nur extensiv bewirtschaftet werden, ist die Produktivität erstaunlich groß, wenn man alle Nebenprodukte wie Feuerholz, Nahrungsmittel und Gewürze in die Rechnung miteinbezieht. Viele Pflanzenteile finden auch in der ayurvedischen Medizin eine Verwendung. Immer wieder muss ich an die Bemerkung meines Freundes Abeyrathne Rathnayake denken, der Professor für Soziologie an der Universität von Peradeniya ist und Nahrung als Medizin begreift.

Man könnte geneigt sein zu vermuten, dass die Menschen sich gerne in den Gewattas aufhalten, dabei sind sie dort gar nicht so oft anzutreffen: Sie kommen nur, um Früchte, Kräuter oder Brennholz zu sammeln. Auf den leergefegten Wegen legen sie Pflanzenteile zum Trocknen aus. Nutztiere gibt es kaum, weil die meisten Bauern Buddhisten und damit Vegetarier bzw. Veganer sind.

»Gartenbau gilt bei den Singalesen kaum als Kunst; tatsächlich pflanzen sie verschiedene Arten von Palmen und Obstbäumen rings um ihre Häuser und blühende Sträucher um ihre Tempel, und gelegentlich ziehen sie einige Gemüse wie Jams, Süßkartoffeln und Zwiebeln in ihrem Beet, doch in keinem Landesteil sieht man einen Garten, der unseren Vorstellungen entspräche«, schrieb schon John

Auf den Obstplantagen in der Gegend von Rio de Janeiro, festgehalten von dem französischen Forscher und Franziskaner André Thevet (1557)

Davy, ein britischer Armeearzt und Bruder des berühmten Chemikers Sir Humphrey Davy 1821 in *An account of the interior of Ceylon and of its inhabitants* (dt.: *Ein Bericht über das Innere Ceylons und über seine Einwohner*).

Wie die Menschen Sri Lankas über ihre Baumgärten denken, ist nicht leicht herauszufinden. Der Schriftsteller Michael Ondaatje, der seine Kindheit dort verbrachte, erinnert sich in seiner Autobiografie *Es liegt in der Familie:*

> Nur der Mangosteenbaum, in dem ich, wenn die Früchte reif waren, als Kind praktisch gelebt hatte, war üppig und kräftig. Hinter dem Haus lehnte noch immer der Kitulbaum gegen die Küche – groß, mit kleinen gelben Beeren, die das Frettchen so liebte. Einmal die Woche kletterte es hinauf und brachte den Morgen beerenfressend zu und stieg betrunken hinab, stolperte über den Rasen und riß Blumen aus oder kam ins Haus und warf Schubladen voller Bestecke und Servietten um.

Die südasiatischen Baumgärten ähneln in ihrer Zusammensetzung den wilden Wäldern, von denen sie umgeben sind. Und mit dem zunehmenden Verschwinden der Wälder kommt ihnen immer mehr die Funktion eines Refugiums für die einheimischen Arten zu. Man mag versucht sein, in die Wirtschaftsform, wie sie in den srilankischen Baumgärten zu beobachten ist, etwas nach dem Motto hineinzulesen »wie es früher einmal war«. Doch wem würde solch eine romantische Verklärung etwas nützen? Unter dem Gesichtspunkt des ökologischen Fußabdrucks jedenfalls ist kaum eine wegweisendere Form für das 21. Jahrhundert denkbar!

Vier Flugstunden weiter östlich von Sri Lanka befindet sich ein unvergleichliches, mit Booten zu befahrendes Fruchtparadies. In den üppigen Obstgärten der vietnamesischen, im Mekong-Delta gelegenen Insel Thoi Son wachsen das ganze Jahr über Papayas, Orangen, Jackfrüchte, Mangos, Durian, Bananen, Ananas, Kokosnüsse, selbst Äpfel und Pflaumen. Beobachter wissen zu berichten, dass sich sogar die dort lebenden Fische auf diese Kost eingestellt haben.

Ein kurioses Detail für tropische Regionen ist das Pflücken von Kokosnüssen durch kleine Affen der Art *Macacus nemestrinus,* der Südliche Schweinsaffe, auf Java. Robert W. C. Shelford lieferte in *A Naturalist in Borneo* (1916) eine Beschreibung des Ablaufs:

> Um die Hüfte des Affen wird ein Seil gebunden, und er wird zu einer Kokospalme geführt, die er rasch erklettert, dann ergreift er eine Nuss, und wenn der Besitzer diese Nuss als reif genug zum Pflücken erachtet, ruft er dem Affen etwas zu, worauf dieser die Nuss im Kreise dreht, bis der Stiel bricht, und sie zu Boden fallen lässt; ergreift der Affe eine unreife Nuss, zieht der Besitzer am Seil und der Affe versucht es mit einer anderen. Ich habe gesehen, wie ein Brok [so der örtliche Name für einen Makaken] sehr effizient als Pflücker gearbeitet hat, obwohl auf die Anwendung des Seils völlig verzichtet worden war und der Affe allein durch den Ton und die Modulation der Stimme seines Herrn geleitet wurde.

Zu den Kokosnüssen bzw. den Palmen, auf denen sie wachsen: Weil die Schalen der Nüsse sogar Salzwasser widerstehen und sie mit den Wellen über die Meere treiben konnten, ist es im Grunde unmöglich zu bestimmen, an welcher Küste des Pazifiks sie zuerst kultiviert wurden. Alleine über die Frage, ob sie ihren Ursprung in Amerika haben oder nicht, gab es unter Wissenschaftlern ein Jahrhundert lang heftige Diskussionen – vermutlich wurden sie im 16. Jahrhundert von den Spaniern in Puerto Rico und von den Portugiesen in Brasilien eingeführt, und ihre Herkunft dürfte wahrscheinlicher im Südosten Asiens liegen. Die große Nachfrage nach Kokosöl zur Seifenherstellung und damit der Anbau der Palmen auf Plantagen, die man in einem weiter gefassten Sinne auch zu den »Obstgärten« zählen mag, stellte sich erst vor eineinhalb Jahrhunderten ein.

78455
Crab. (wild
J. Walter Bas~~s~~ye
Bowling Green.
Mo.

M. Strange.
11 - 10 - 14
12 - 15 - 14

DIE GEBURT DER POMOLOGIE

Im 16. Jahrhundert legten Pioniere der Botanik den Grundstein für die enzyklopädische Erfassung und Erforschung der Vegetation. Sie begannen, die Pflanzen Familien und Arten zuzuordnen. Erfreulicherweise geschah das in intensiver Zusammenarbeit mit Künstlern dieser Zeit, sodass uns aus der Blütezeit der botanischen Illustration zahlreiche Porträts von Früchten und Pflanzen überliefert sind, die zunehmend exakter dargestellt wurden und viel von dem Enthusiasmus transportieren, mit dem man sich dieser Sache in vielen Ländern widmete.

Die Pomologie als Wissenschaft vom Fruchtanbau brachte einen ganz neuen Blick auf die verschiedenen Obstarten mit sich. Und obwohl die Bezeichnung »Pomologe« gerade erst geschaffen worden war, erschienen diverse Menschen, die sich in vorangehenden Jahrhunderten mit Früchten beschäftigt hatten, nun auf einmal genau als solche. Es war eine lange Ahnenreihe, die von Theophrast über Richard Harris, der im 16. Jahrhundert die erste kommerziell betriebene Baumschule Englands angelegt hatte, bis hin zu dem Präsidenten der Horticultural Society of London Thomas Andrew Knight (1759–1838) und darüber hinaus führte. Knight vertrat die damals recht verbreitete Theorie, alle Fruchtsorten hätten eine vorbestimmte Lebensdauer, nach der sie allmählich verrotten und sterben. So sehr er auch irrte, veranlasste diese Theorie ihn immerhin dazu, immer neue Sorten von Kirschen (u. a. »Black Eagle«, »Elton« und »Waterloo«), Äpfeln, Birnen, Pflaumen und diversen anderen Arten nach den damals verfüg-

Gartenszene aus einem deutschen Kinderbuch (spätes 19. Jh.)

baren wissenschaftlichen Methoden zu züchten. *Pomona Herefordensis* (1811) war der Titel seines bekanntesten Buches.

Die Pomologie galt fortan als ein Teilgebiet der Botanik. Um die Wende vom 18. zum 19. Jahrhundert waren es vor allem Pfarrer, Ärzte, Apotheker und Lehrer, die sich bemühten, eine gewisse Ordnung in die inzwischen unübersichtlich gewordene Vielfalt der Obstsorten zu bringen. Man sammelte, beschrieb, zeichnete und verglich miteinander. Mit der Lithografie, bald auch in Farbe, wurde es möglich, Abbildungen von Früchten vergleichsweise preisgünstig zu reproduzieren. Ein Beispiel dafür ist die *Pomona Britannica or, A Collection of the Most Esteemed Fruits at Present Cultivated in this Country* (dt. etwa: *Eine Sammlung der angesehendsten Obstsorten, die derzeit hierzulande gezüchtet werden*), die zuerst 1812 von dem Zeichner und Graveur George Brookshaw (1751–1823) veröffentlicht wurde. Eindrücklich illustrierte sie auf den Tafeln den Reichtum der damals in den britischen Obstgärten kultivierten Varietäten – 256 Sorten von fünfzehn Fruchtarten. Tatsächlich sind sie so realistisch dargestellt, dass dem

Betrachter das Wasser im Munde zusammenläuft. Viele andere Autoren wären hier zu nennen, die in den folgenden Jahrzehnten ihre Bücher auf den Markt brachten, etwa Robert Hogg (1818–1897), der Herausgeber des in London erscheinenden *Journal of Horticulture*, mit seinem Buch *The Fruit Manual* (dt. etwa: *Handbuch der Früchte*, 1860), das zahlreiche Neuauflagen erlebte. In dieser Zeit wurde auch die »British Pomological Society« mit dem Ziel gegründet, »die Obstkultur in den britischen Hoheitsgebieten zu fördern und insbesondere die allgemeine Aufmerksamkeit auf die Produktion neuer Obstsorten zu lenken, deren Vorzüge zu untersuchen und darüber zu berichten sowie danach zu streben, das Obst Großbritanniens, des europäischen Kontinents und Amerikas zu klassifizieren«.

Warum war das Feld der Sorten überhaupt so unübersichtlich? Obwohl die Veredelungstechniken seit dem Mittelalter bekannt waren, gingen viele Bauern nicht strikt »nach Lehrbuch« vor und griffen für die Anlage neuer Pflanzungen auch auf oft nur zufällig entstandene Sämlinge von Äpfeln, Birnen, Kirschen und Pflaumen zurück. Und wenn sie mit dem auf diese Weise entstandenen Baum zufrieden waren, wurde dieser für neue Reiserpropfen verwendet. Vergegenwärtigt man sich, dass sich dieser Vorgang vielerorts wiederholte, leuchtet die große lokale Sortenvielfalt unmittelbar ein. Ein großer Teil dieser Lokalsorten fand nie Eingang in die pomologischen Kompendien.

Neben England waren Frankreich und Deutschland auf dem Gebiet der Pomologie führend, in Nordamerika fasste die intensive Beschäftigung mit den Obstsorten erst um die Mitte des 19. Jahrhunderts Fuß. Lange folgte die Entstehung der Sorten dem Prinzip Zufall. Die gezielte Obstzüchtung, also die bewusste Kreuzung und Übertragung von Pollen der Vatersorte auf die Blüte der Muttersorte, ließ sogar noch bis zum 20. Jahrhundert auf sich warten.

Die Sortenkunde trieb auch seltsame Blüten. So rühmte sich der Pfarrer und Pomologe Johann Conrad Jacob Oberdieck (1794–1880), ganze 300 Sorten auf einem einzigen Apfelbaum, einem sogenannten

»Sortenbaum«, einer Art von botanischem Frankenstein, veredelt zu haben! Das andere von ihm gepflegte Extrem bestand darin, 4000 Bäume unterschiedlicher Sorten gesammelt zu haben. Er wirkte in Niedersachsen und bemühte sich dort um die Qualitätsverbesserung des Obstes. Dennoch ist nur ein einziger Apfel nach ihm benannt: Oberdiecks Renette.

Die Marotte, mehrere Sorten auf einem Baum zu kultivieren, trägt in England den Namen »Familienbaum« (»family tree«) und wird dort mit dem Namen Leonard Mascall in Verbindung gebracht, der als Schreiber für den Erzbischof von Canterbury tätig war. Mascall verknüpfte diese Technik mit einigen Hinweisen, er schrieb nämlich 1575:

> Man vermag auf einen Apfelbaum zugleich viele Arten Äpfel zu pfropfen, also auf jeden Ast eine andere Frucht, und ebenso ist es mit Birnen: aber gib so gut du kannst darauf acht, dass deine Reiser eine ähnliche Wuchskraft haben, sonst wird einer über den anderen hinaus ragen und ihn beschatten.

Der im Riesengebirge beheimatete Carl Samuel Häusler (1787–1853), der als Erster in Deutschland Schaumwein aus Äpfeln hergestellt haben soll, hatte sehr genaue Vorstellungen, wie ein Obstgarten aufgebaut sein müsse. Häusler vertrat auch eine klare Meinung dazu, wie verschiedene Arten von Obstbäumen zu pflanzen seien, nämlich niemals »nahe abwechselnd oder gar durch einander«. Ein Baum wurde einem Menschen gleichgesetzt. Und er bemühte eine weitere Analogie: »Es ist bei ihnen wie bei den Menschen: in der Familie ist die meiste Liebe und das beste Gedeihen; darum pflanze man ganze Strecken nur Äpfel, andere Strecken nur Birnen und so weiter.« Eine wirkliche Begründung dafür blieb er jedoch schuldig. Häusler verband all das mit einem Plädoyer gegen Obstbäume in gezielt gestalteten Kronenformen, die aus Frankreich gekommen waren, wo es die Mode war, Perücken zu tragen. »Es ist also kein

Feigen verschiedener Sorten (1812)

Wunder, daß auch die Bäume Perrücken tragen mußten, und man hat sich seit Jahrhunderten so sehr an diese Form gewöhnt, daß man fest glaubt, es müsse so sein, und den alten Schlendrian bis heute beibehalten, trotz dem daß die Erfahrung das Nachtheilige der Kronenform deutlich genug lehrt.« Wie man Obstbäume schneiden sollte, ist eine Wissenschaft für sich, die man in vielen Fachbüchern nachlesen kann. Aber was wäre die Kunst des Obstbaus, wenn sich damit nicht auch Faustregeln oder eingängige Redensarten wie diese verbinden würden: »Man muss einen Hut durch die Krone werfen können« – nur dann gelte der Baumschnitt als korrekt ausgeführt.

Allen möglichen Mittelchen wurde eine Wirkung gegen Baumkrankheiten zugeschrieben.

Thomas Skip Doyot Bucknalls Buch *The orchardist, or, a system of close pruning and medication, for establishing the science of orcharding …* (dt. etwa: *Der Obstgärtner, oder eine Methode des Beschnitts und der [Pflanzen-]Behandlung zur Etablierung der Wissenschaft des Obstbaus*, London 1797) empfahl eine Mischung aus Sublimat (Quecksilber-Chlorid) als Balsamierflüssigkeit und Schutz vor Schimmelbildung, Gin als Bakterizid und Lösungsmittel sowie Pflanzenteer als antiseptisches Wundverschlussmittel.

Als die Philosophical Society of Philadelphia ein Preisgeld in Höhe von 60 Dollar für ein Mittel gegen Baumkrebs bei Pfirsichbäumen aussetzte, schickte Bucknall sein Buch prompt »über den Atlantik, und ich schätzte mich glücklich, wenn meine Methoden … den Anbau amerikanischer Früchte verbessern würden«. Und ein gewisser William Salisbury schrieb in *Hints addressed to proprietors of orchards, and to growers of fruit in general* (dt. etwa: *Hinweise für Obstgartenbesitzer und alle, die Obst anbauen*), das 1816 in London erschien:

> Viele nützliche Düngemittel lassen sich erwerben, etwa der Abfall von Zuckerbäckern, Seifenmachern etc., etc., Ochsenblut, Haar sowie die Schabsel von Seehundhäuten, Knochenmehl und die Abfälle der Hersteller von Wagenschmiere.

Einer der bemerkenswertesten Obstbauern des 20. Jahrhunderts war Korbinian Aigner (1885–1966). Der bayerische Pfarrer, der sich in seinem Beruf vor allem der Seelsorge verpflichtet fühlte, widmete ansonsten seine ganze Aufmerksamkeit dem Studium und dem Anbau von Früchten, insbesondere von Äpfeln. Er bezeichnete den Obstbau als »Poesie der Landwirtschaft«.

Den nationalsozialistischen Machthabern war Aigner ein Dorn im Auge, denn der aufrichtige Konservative ergriff vielerorts die Gelegenheit, vor den Gefahren dieser Ideologie zu warnen – als Vikar von der Kanzel seiner Kirche in Sittenbach herab, aber auch außerhalb. Der von offizieller Seite verfügten Anordnung, eine NS-Fahne aufzuhängen, widersetzte er sich. Hinzu kamen viele andere Vorfälle, mit denen er sich immer unbeliebter machte. Eine dramatische Wende im Umgang mit ihm vollzog sich schließlich 1939, als der in seiner Gemeinde überaus beliebte Pfarrer wegen einer kritischen Aussage in der Religionsstunde von einer Lehrerin denunziert und anschließend verhaftet wurde. Dem folgte eine Odyssee durch verschiedene Gefängnisse und Konzentrationslager, bis er 1941 gemeinsam mit anderen kritischen Geistlichen in das Dachauer Konzentrationslager verlegt wurde. Er musste dort Zwangsarbeit in der Versuchsanstalt für Gewürzpflanzenanbau leisten, und so unglaublich es klingt, es war ihm aber möglich, sich der Zucht von Äpfeln aus zuvor gesammelten Kernen zu widmen. Den heranwachsenden neuen Sorten gab er die Namen »KZ-1« bis »KZ-4«, wobei sich die Züchtung »KZ-3«, ein Tafel- und Wirtschaftsapfel, als besonders

Der Obstbauer und Pfarrer Korbinian Aigner

Korbinian Aigner im Priesterseminar (vordere Reihe, zweiter von rechts, 1910)

gelungen herausstellte. Es gelang ihm, Bündel von Sämlingen dieser Sorten aus dem Lager hinausschmuggeln zu lassen. »KZ-3« bekam später den Namen »Korbiniansapfel«.

Am Kriegsende hatte Aigner großes Glück. Nachdem die SS das Lager evakuiert hatte, wurden 10 000 Häftlinge auf einen brutalen Marsch Richtung Süden geschickt, bei dem viele Menschen zu Tode kamen. Das angebliche Ziel war eine Alpenfestung im Tiroler Ötztal. Glücklicherweise konnte Aigner aus der Häftlingskolonne flüchten, sich in einem Kloster verstecken und somit sein Leben retten. Bis an sein Lebensende machte er sich mit großer Leidenschaft dem Obst- und Gartenbau verdient, und es wurden ihm diverse Ehrungen zuteil. Über seine Zeit im Konzentrationslager soll er kaum gesprochen haben.

Dass wir heute dennoch so viel über seine Arbeit wissen, ist der Tatsache zu verdanken, dass Aigner von den vielen Äpfeln und Birnen, mit denen er sich beschäftigte, zahlreiche farbige Abbildungen anfertigte, die in verschiedenen Folianten nachgedruckt wurden. Er benutzte dafür einfachsten Karton. Diese Bilder hatten für ihn eigentlich nur die Aufgabe eines Nachschlagewerks, das ihm helfen würde, den Überblick zu behalten und die Bestimmung der Sorten zu vereinfachen.

Entscheidend war zunächst nur der Blick von der Seite: Ist die Frucht plattrund, halbkugelförmig, flachkugelförmig, kugelförmig, hochgebautkegelförmig, walzenförmig, stumpfkegelförmig, kegelförmig, eiförmig, glockenförmig, quittenförmig oder bergamottförmig? Danach setzte sich die Bestimmung mit der Art der Kelcheinsenkung sowie der Form der Kelchblättchen fort. Nicht zuletzt auch Stiel und Stieleinsenkung liefern wertvolle Hinweise für die Bestimmung der Sorte. Erschwert wird sie jedoch durch eine Reihe anderer Faktoren, die beeinflussen, wie die Frucht genau aussieht. Abhängig davon, ob sie an einem Hochstamm oder einem Hausspalier gewachsen ist, wird sie etwas anders aussehen. Höhenlage und Bodenart wirken sich ebenfalls aus. Zudem sehen die Früchte eines Baumes nicht alle gleich aus, und – als wäre das nicht genug – verändern sie sich im Laufe ihrer Reifung auch noch von Woche zu Woche.

Ganz nebenbei schuf der nach dem Zweiten Weltkrieg zur Legende gewordene »Apfelpfarrer« Aigner, wie er oft genannt wurde, eine der umfassendsten Bildersammlungen von Apfel- und Birnensorten – vermutlich ohne sich überhaupt jemals über diese Tatsache im Klaren gewesen zu sein. Insgesamt sind es fast 1000 Apfel- und Birnenbilder, die er dem Lehrstuhl für Obstbau in Weihenstephan vermacht hat und die Fachleuten bis heute als wertvolles Anschauungsmaterial für Sortenkunde gilt. Der »Korbiniansapfel«, für sein ausgewogenes Zucker-Säure-Verhältnis gerühmt, wird weiterhin angebaut.

Doch waren die neuen Apfelsorten nicht bei allen beliebt, und man könnte durchaus behaupten, dass manche eher aufgrund ihrer guten Lagerfähigkeit und ihrer ästhetischen Qualität gezüchtet wurden als aufgrund ihres Geschmacks.

Es gibt eine Geschichte wiederzuentdecken, einen etwas anderen Geschmack, eine weniger perfekte Form. Im eigenen Garten geerntetes Obst hat den Vorteil, dass es vollreif und schmackhafter ist, selbst wenn Schorfflecken und Wurmstichigkeit die Erwartung einer perfekt aussehenden Frucht trüben.

Henry David Thoreau war skeptisch gegenüber Fachleuten eingestellt: »Ich traue den Auswahllisten der Herrn Pomologen nicht«, schrieb er. Und über die von ihnen bevorzugten, sorgfältig kultivierten Früchte hatte er erwartungsgemäß ein hartes Urteil: »Man isst sie mit vergleichsweise geringer Begeisterung, und sie haben keine echte Würze, keinen Geschmack.« Keine Frucht war Thoreau zu unansehnlich, um ihm nicht doch noch einen schönen Gedanken zu entlocken: »Ein beliebiger verknorzter Apfel, den ich an der Straße auflese, erinnert mich durch seinen Duft an den ganzen Reichtum der Pomona« – gemeint war die römische Göttin der Früchte und Obstbäume.

Als passionierter Wanderer während aller Jahreszeiten kannte er sich wie kaum ein anderer aus im Zwischenreich wilder, verwilderter und kultivierter Obstbäume – den »alten Obstgärten mit ihren unveredelten Apfelbäumen«. Er war mit allen Schattierungen ihres Geschmackes und des Dufts der Früchte, selbst im weit fortgeschrittenen, überreifen Zustand, vertraut. Noch im Winter entdeckte er hier und da eine vergessene Frucht, die ihm eines Gedankens würdig schien.

> Erst soll der Frost kommen und sie gefrieren lassen, hart wie Stein, und dann der Regen oder ein warmer Wintertag, um sie wieder aufzutauen, dann haben sie durch das Medium der Luft, in der sie hängen, einen himmlischen Geschmack verliehen bekommen.

Korbiniansäpfel oder »KZ-3« –
eine der drei von Aigner in Dachau kultivierten Sorten

Er konnte all die Zeichen lesen, die viele andere als unerheblich abgetan hätten.

Er verglich diese wilden Apfelbäume mit einem wilden Kind: »Vielleicht handelt es sich ja um einen verkleideten Prinzen.« Hier lagen seine echten Sympathien. »Es braucht einen unkultivierten, wilden Geschmack, um eine Wildfrucht schätzen zu können.« Und Thoreau empfahl, sie genau dort zu essen, wo sie wachsen: draußen, in der Kälte.

> Oft pflücke ich wilde Äpfel, die so kräftig und würzig schmecken, dass ich mich frage, warum sich nicht alle Obstbauern Pfropfreiser von diesem Baum besorgen, und ich versäume nie, ganze Taschen voll mit nach Hause zu bringen. Doch wenn ich manchmal einen aus meinem Schreibtisch nehme und ihn in meiner Kammer koste, finde ich ihn unerwartet krude – und so sauer, dass es einem Eichhörnchen durch Mark und Bein ginge oder ein Eichelhäher aufschreien würde.

IN DEN OBSTGÄRTEN DER SINNE

Früchte können, ganz ähnlich den Blumen, mit ihrem außerordentlichen Farben- und Formenreichtum der Fantasie ganz neue Impulse verleihen. Der Mailänder Giuseppe Arcimboldo (1526–1593) hat in einem wohl einzigartigen künstlerischen Experiment konsequent den Gedanken verfolgt, ein Gesicht nicht einfach zu malen, sondern es aus allen möglichen Früchten und anderen Pflanzenbestandteilen zusammenzusetzen. Über die Ästhetik dieser manieristischen »Fruchtgesichter« kann man geteilter Meinung sein, aber auf eine solche Idee muss man erst einmal kommen.

Die prachtvollen chinesischen Obstgärten und die Bilder von Zitrusfrüchten der Zehnbambushalle wurden bereits erwähnt. Tatsächlich war das Darstellen von Früchten in China besonders präsent, es entwickelte sich dort zu einer eigenen Kunstform. Aprikosen, Pfirsiche und Pflaumen, die dort so typisch sind, geraten für den westlichen Beobachter von ihrer Beschreibung häufig etwas durcheinander, was darauf zurückzuführen ist, dass es Baumarten gibt, die sowohl mit Pfirsichen als auch mit Pflaumen verwandt sind. Der englische Naturforscher Thomas Muffet (1553–1604), ansonsten für seine Insektenstudien bekannt, hat einmal gesagt, »Aprikosen sind Pflaumen, die unter einer Pfirsichschale verborgen sind«. Wer wollte ihm angesichts der herrschenden Verwirrung widersprechen?

Im Jahre 1231 veröffentlichte Sun Boren »Bilder der Pflaumenblüte« und meinte damit *Prunus mume*, auch Chinesische Pflaume

»Apfelblüten« von John Everett Millais, der dem prärafaelitischen Kreis zugerechnet wird (1858)

oder Japanische Aprikose genannt. In einhundert Tintenzeichnungen, die jeweils von einem Gedicht begleitet waren, das eine Stimmung ausdrückte, hielt er die Entwicklung der Blüte von der Knospe bis zu dem Augenblick fest, als das allerletzte Blütenblatt gefallen war. Es waren eher vage, schwarze Pinselstriche, denn es ging ihm vor allem darum, eine Essenz bildnerisch festzuhalten, nicht das Detail der Pflanze. Sosehr das Malen der Früchte für sich selbst genommen wichtig war, eine Übung in Kontemplation, dürfte es zugleich zu einer höheren Wertschätzung dafür führen, wie sie einen emotional beeindrucken: Man hält inne, beobachtet sie aufmerksam und bringt die Verbindung, die man zu ihnen fühlt, zu Papier.

Wenn wir unseren Blick nach innen kehren, um unsere Verbindung zu Obstgärten zu betrachten, was für einer Kunst glichen dann die Bilder, die in unserer Vorstellung entstehen? Mit Sicherheit wäre diese Kunst emotional stärker aufgeladen, als es die exakten Illustrationen der Herren Pomologen sind. Vielleicht gingen sie eher in die Richtung, die Vita Sackville-West vorschlägt: »… einige Botaniker [halten] die Myrte und den Granatapfel tatsächlich für Verwandte. Ich als Nichtbotanikerin hatte mich nur daran erinnert, wie ich einmal in Persien in einem Hain aus Myrten und Granatapfelbüschen geschlafen hatte.«

Wenn wir in uns hineinhorchen, was wir mit einem Obstgarten verbinden, könnten unsere Vorstellungen davon am ehesten dem entsprechen, wie Obstgärten von europäischen Malern in der zweiten Hälfte des 19. und im frühen 20. Jahrhundert dargestellt wurden. Man könnte diese Zeit frei als »das goldene Zeitalter der Obstgärten« bezeichnen, und ich stütze mich dabei vor allem auf die Vielzahl von Darstellungen, die einen sehr lebendigen Eindruck davon vermitteln. Meistens werden Situationen zum Zeitpunkt der Ernte dargestellt, aber nicht nur: Impressionisten wie Camille Pissarro oder Joaquín Sorolla fanden in den von sommerlichem Licht durchfluteten, von Blütenduft erfüllten Gärten und Obstgärten ein

»Im Obstgarten«, gemalt von dem schottischen Maler Sir James Guthrie (1885/86)

Gegenbild zu allem, was die neue Zeit mit sich brachte: Sie waren Fluchtort, Reflexionsraum, ein materialisierter Traum voller sinnlicher Erfahrungen.

Über den französischen Maler Pierre-Auguste Renoir (1841–1919) weiß man, dass er sich, von Rheumatismus gebeutelt, bis ins hohe Alter jeden Morgen mit Wolldecken geschützt in einer Sänfte, ein Korbstuhl mit zwei Bambusstangen, zu seinem im Garten gelegenen Studio tragen ließ. Renoirs Liebe zur Mittelmeerküste reichte bis in die 1880er Jahre zurück, als er mit seinem Kollegen Claude Monet dort unterwegs gewesen war. Wie viele Maler war er schnell von dem intensiven Licht, den kontrastreichen Farben, den exotisch anmutenden Pflanzen und der zerklüfteten Küste eingenommen, die für den Süden Frankreichs so typisch sind. Wenige Jahrzehnte später entdeckte er – inzwischen durch einen Fahrradunfall angeschlagen, den er 1897 erlitten und bei dem er sich einen Arm gebrochen hatte – die Französische Riviera als idealen Ort, um den Winter zu verbringen. Frost gibt es dort, wenn überhaupt, nur selten. Als er 1907 davon erfuhr, dass das Gut »Les Collettes« (was so viel bedeutet wie »eine Gegend mit kleinen Hügeln«) oberhalb der Ortschaft Cagnes in der Nähe von Nizza, wo er bisher im Winter regelmäßig ein Apartment bezogen hatte, durch einen Bebauungsplan bedroht war, entschied er sich kurzerhand, das Anwesen zu erwerben: ein altes Bauernhaus mit verwitterten grünen Fensterläden und einem Dach aus Terracotta-Ziegeln, das von malerischen Weinbergen, Orangengärten und einem Olivenhain umgeben war, der 148 Bäume zählte und sich halbmondartig über eine terrassenartig angelegte Wiese erstreckte, wobei diese Bäume nie dichten Schatten warfen. Auch anderen Pflanzen blieben Licht und Platz zum Gedeihen. Es gab Rosen, Nelken, Bougainvilleen und den für die ganze weitere Region so typischen, duftenden Lavendel, der von den Feldern für die bekannten Parfümfabriken von Grasse gesammelt wurde, die sich in etwa 30 Kilometer Entfernung befinden. Nicht zu vergessen der Erdbeerbaum vor dem Eingang des Hauses, mit seinen im Herbst reifenden Früchten, die tatsächlich eine gewisse Ähnlichkeit mit Erdbeeren haben, aber keinen besonders ausgeprägten Geschmack aufweisen. Auch die Baumtomate, die man dort finden kann, führt von ihrem Namen her in die Irre. Renoirs Sohn Jean erinnert sich an einen Baum, den er als kleiner Junge bestaunte, der sowohl Orangen als auch Zitronen trug.

Die Renoirs hatten auch Glashäuser und Frühbeete, um sich den ganzen Winter über mit Blumen und Gemüse versorgen und Stecklinge und Sämlinge ziehen zu können. Trauben und Aprikosen wurden getrocknet, Zitronen, Orangen und Tangerinen ließ man oft den ganzen Winter über an den Bäumen – sogar Zitronen entwickelten dann eine gewisse Süße. Die Reben waren ganz das Terrain seiner Frau Aline Charigot, die auf einem Weingut zwischen der Champagne und Burgund aufgewachsen war. Da der Wein dieser Trauben von bescheidener Qualität war, verzehrte man lieber die Früchte.

Die Olivenhaine der Provence waren ein beliebtes Motiv von Vincent van Gogh

»Les Collettes« – Gartenszene von Pierre-Auguste Renoir (1914)

Als Arbeitsplatz diente Renoir ein einfaches, zwischen den Olivenbäumen errichtetes Gartenhaus mit Wellblechdach und großen Fenstern, die in zwei Richtungen hinausgingen. Vorhänge aus Baumwollstoff halfen ihm dabei, den Lichteinfall optimal zu regulieren. Dazu denke man sich das fortwährende, durch seinen Gleichklang beruhigende Zirpen der Zikaden. Von dem Gut aus hat man einen Blick auf das mittelalterliche Dorf Haut-de-Cagnes, das sich an einen steilen Abhang schmiegt. Renoir hat dort einen fast unerschöpflichen Fundus an Inspirationen gefunden. Es heißt, er habe besonders an den erratisch gewachsenen Stämmen der Olivenbäume, die Jahrhunderte überdauert und unzählige Unwetter- und Trockenphasen durchlebt hatten, einen Narren gefressen. Er ließ nur tote Äste entfernen, ansonsten erfreute er sich gerne an ihrem wilden Wuchs. Die Form der Bäume scheint zuweilen den Fluss erkalteter Lava nachzubilden: mit ihren Aushöhlungen, die ein Biotop für Steinkräuter bilden können. Sie waren eine erhebliche Herausforderung für die künstlerische Darstellung:

> Was ist der Olivenbaum nur für ein Grobian. Wenn Ihnen klar wäre, wie viele Sorgen er mir verursacht hat. Ein Baum voller Farben, aber gar nicht so großartig. Wie mich all diese kleinen Blätter zum Schwitzen bringen! Ein Windhauch und der Farbton verändert sich. Denn die Farbe ist nicht auf den Blättern, sondern in dem Raum dazwischen.

Renoir wählte zuweilen einzelne Objekte wie einen Apfel oder eine Orange, die er dann als gemalte Vignette festhielt. Dann waren da die Mädchen und Frauen, die im Winter kamen, große Laken unter den Bäumen ausbreiteten, um mit langen Stangen die reifen, schwarzen Oliven von den Bäumen zu schlagen, und ihm manchmal auf der mit Blüten gespickten Wiese Modell standen. Die schönen Bäume waren oft nur noch im Hintergrund auszumachen. Die geernteten Oliven wurden zu einer Presse im Dorf gebracht, und Renoir ließ es sich nicht nehmen, etwas von dem Öl der ersten Pressung auf eine warme Toastscheibe zu träufeln und Salz darüberzustreuen. Angeblich soll er sogar in der Lage gewesen sein, das Öl von seinem Gut anhand des Geschmacks zu erkennen. Praktisches, Kulinarisches und Künstlerisches ging in Les Collettes Hand in Hand.

Renoir soll einmal gesagt haben, eine Frau solle »wie eine schöne Frucht« gemalt werden. Und eine kleine Anekdote rankt sich um die Cousine seiner Frau Aline, die von Renoir sowohl in der Kleidung einer Roma-Frau als auch nackt gemalt wurde: Als Gabrielle eines Tages etwas vom Boden auflas und in ihren Mund steckte, das sie für eine reife Olive hielt, wurde sie von dem Maler gewarnt, dass es sich um das Kotklümpchen einer Ziege handele. Er hatte recht und sie spuckte es aus. Gabrielle heiratete später Conrad Slade, einen kalifornischen Maler, der sich in sie verliebt haben soll, nachdem er die Porträts gesehen hatte, die Renoir von ihr gemacht hatte – so zumindest heißt es in der Legende.

Der Lohn, den Obstgärten ihren Besitzern oder jenen bieten, die in ihnen schuften, besteht aus weit mehr als nur dem monetären Gewinn durch den Verkauf der Früchte. In Kapitel 6 sind wir William Lawson begegnet, dem Autor eines im 17. Jahrhundert populären Buchs über den Gartenbau. Er räumte ein, dass die von seinen Obstbäumen angelockten Vögel und ihr Gesang für die Freude, die ihm sein Garten bereite, ebenso wichtig seien wie die Früchte selbst:

> Eine vornehme Zierde, die jeden Obstgarten schmückt, kann ich nicht auslassen: eine Brut Nachtigallen, die Euch mit außerordentlichen Tönen und Melodien, mit einer kräftigen, entzückenden Stimme eines schwachen Körpers, Nacht und Tag Gesellschaft leistet. .... [Die Nachtigall] hilft Euch, Eure Bäume von Raupen und allen schädlichen Würmern und Insekten zu reinigen. Das freundliche Rotkehlchen steht ihr zur Seite, und trägt auch im Winter, in kältesten Stürmen seinen Teil bei. Ebenso wenig steht ihr im Sommer der fröhliche Zaunkönig nach, der mit seinem charakteristischen Pfiff (wie eine süße Flöte), Euren Geist erfreut.
>
> Die Amsel und die Drossel ... singen laut am Maimorgen und erfreuen sehr das Ohr, und es muss Euch ihrer Gesellschaft nicht mangeln, wenn Ihr reife Kirschen oder Beeren habt, und sie erfreuen Euch ebenso gern wie die übrigen: Doch würde ich ihre Gesellschaft lieber entbehren als meine Früchte.

Der amerikanische Dichter John James Platt kontrastiert die unaufhörliche Kakophonie des Stadtlebens im 19. Jahrhundert – »das Dröhnen der zahlreichen Räder, das Gellen der Hämmer, das Trappeln der Schritte, all die Geräusche und Stimmen geschäftiger Leute, die uns in den Ohren klingeln« – mit der Ruhe auf dem Lande: seinen »Obstgärten, rot und golden vor reifendem Obst« und »Cider-Mühlen umschwärmt von halb-beschwipsten Bienen«.

Wer würde nicht gerne einen schönen Sommernachmittag im Schatten alter Obstbäume und dann vielleicht mit der Lektüre eines

Buches (vielleicht sogar dieses Buches?) verbringen? Für viele ist der Obstgarten der Ort unvergesslicher Kindheitstage. Im Schatten der Apfelbäume wurde gespielt. Man sehnte den Tag herbei, wenn die Früchte reif waren und man vom Baum naschen konnte. Mancher konnte es nicht lassen, in einen der noch grünen, sauer schmeckenden Äpfel zu beißen. Im Spätsommer dann verbreitete sich der unwiderstehliche Duft reifender Früchte und tragender Bäume, der zugleich den Herbst ankündigte.

Apfelgärten und die dort angebauten Früchte haben einen starken Einfluss auf unsere Gefühle und betonen auf gewisse Weise den Kontrast zwischen Stadt- und Landleben, wie er wunderschön in einem Zitat von Cézanne zusammengefasst ist: »Mit einem Apfel möchte ich Paris verblüffen.« Und tatsächlich machten seine impressionistischen Bilder von Äpfeln Geschichte. Sein Werk »Rideau, Cruchon et Compotier« (dt.: Vorhang, Krug, Obstschale, 1893/84) gilt sogar als das teuerste Stilleben überhaupt – es wechselte 1999 für über 60 Millionen US-Dollar den Besitzer.

Emily Dickinson (1830–1886) war nicht nur eine begnadete Dichterin, nach allem, was über sie bekannt ist, war sie ebenfalls eine begeisterte Gärtnerin mit soliden Botanik-Kenntnissen. *The Homestead*, das Haus an der Triangle Street in Amherst, Massachusetts, in dem die Dichterin mit ihrer Familie lebte, gibt es zwar bis heute, die späteren Bewohner des Anwesens haben es dann aber nach ihrem jeweiligen Geschmack umgestaltet. Lange verschwunden waren der Blumen- und Gemüsegarten, das Gewächshaus sowie die Apfel-, Birnen-, Pflaumen- und Kirschbäume. Mehrere Jahre lang haben Archäologen in mühevoller Kleinarbeit Schicht für Schicht Erdgut abgetragen, um herauszufinden, wie der Garten früher ausgesehen hat. Denn das Ziel war es, all das in seiner früheren Pracht wieder auferstehen zu lassen. Inzwischen wurde ein kleiner Obsthain mit traditionellen Apfel- und Birnbäumen angelegt, mit den Sorten Baldwins, Westfield Seek-No-Furthers und Winter Nelis.

Die genauen Umstände von Dickinsons Leben sind ein wenig rätselhaft, bekannt ist, dass sie es im Alter von 38 Jahren einstellte, zum Gottesdienst zu gehen. Die Dichterin bleibt uns mit diesen Zeilen in Erinnerung, die dann wiederum keinen Zweifel bezüglich des Stellenwerts lassen, den der Obstgarten in ihrem Leben eingenommen hat:

> Den Sonntag feiert man mit Kirchgang –
> Ich feier ihn, daheim –
> Ein Stärling ist der Sängerknab –
> Ein Obsthain ist der Dom –.

Wenige Jahrzehnte später und auf der anderen Seite der Welt verlegte der russische Schriftsteller Anton Tschechow eine Tragikömödie auf ein Landgut, das von einem prächtigen Kirschgarten umgeben ist – der Name des Stückes lautet dann folgerichtig *Der Kirschgarten* (1904). Es ist allerdings insofern ein besonderer Obstgarten, als dieser keine Ernte mehr abwirft. Diese Schuldenlast löst ein Gedankenexperiment aus. Warum die Bäume nicht abholzen und anstelle dessen Sommerhäuser errichten, die man vermieten könnte? Es ist das traurige Schicksal, das er tatsächlich erleidet – so wie der Adel, der in der russischen Gesellschaft keine Funktion mehr hatte. Der Verlust von Kirschbäumen als Symbol für den Untergang einer alten Welt.

Wohl kaum jemand hat den Obstgarten als Ort perfekter Ruhe beschrieben wie Virginia Woolf, *Im Obstgarten:*

> Miranda schlief im Obstgarten, oder schlief sie oder schlief sie nicht? Ihr purpurfarbenes Kleid war ausgebreitet zwischen zwei Apfelbäumen. Es gab vierundzwanzig Apfelbäume im Obstgarten, einige von ihnen leicht geneigt, während andere ganz gerade und eilig den Stamm hinaufstrebten, der sich zu Ästen ausbreitete und sich zu runden roten oder gelben Trop-

Dame mit Sonnenschirm in einem Apfelgarten.
Koloriertes Foto von Louis Lumière (1907)

fen formte. Jeder Apfelbaum hatte genügend Platz. Der Himmel paßte den Blättern wie angegossen. Wenn die Brise wehte, neigte die Linie der Äste vor der Mauer sich leicht und kam dann wieder zurück. Eine Bachstelze flog quer von einer Ecke in die andere. Vorsichtig hüpfend näherte sich eine Drossel einem heruntergefallenen Apfel; von der anderen Mauer her flatterte ein Spatz niedrig über das Gras. Das Hinaufstreben der Bäume wurde durch diese Bewegungen nach unten gebunden; das ganze wurde von den Mauern des Obstgartens zusammengepreßt.

Doch nicht immer blieb es beim Kontemplativen, der schwedische Maler Carl Larsson (1853–1919) erinnert sich an die Herausforderungen des Obstjahrs 1904:

»Wir mußten schon mitten im Sommer die Äste stützen, damit sie nicht unter der Last der reifenden Astrachanäpfel, Gravensteiner und wie sie alle so heißen, abbrachen.« Die Ernte fiel so prächtig aus, dass sie »Apfelmus, Marmelade und Gelee … viele Monate lang Tag und Nacht gegessen« haben. So viel davon, dass sie sich nach Bananen und Datteln sehnten.

Details einer eigentümlichen Gartenparty hat Osbert Sitwell (1892–1962), der ältere Bruder von Edith Sitwell, überliefert. Zu ihr soll er 1934 von einem Prinzen in Peking geladen worden sein. Die Gesellschaft fand sich hauptsächlich ein, um die Blüten der Holzäpfel zu bewundern:

> Das Jahr schritt so schnell voran, dass man in den Ästen der Apfelbäume, Quittenbäume und Blauregen fast schon das Leben knarren hörte, ja fast die klebrigen Knospen zuerst erscheinen und sich dann entfalten und öffnen sah: zu Duft-atmenden Schalen und Zungen und Türmchen. Die alten Männer stiegen aus ihren Rikschas. Die Gärten wirkten riesig … Innerhalb der Begrenzung ihrer mit gelben Kacheln gekrönten Mauern lagen Haine alter Zypressen, ihre palmwedelartig angeordneten Blätter hingen in der Luft, als wären sie Schichten aus blaugrünem Rauch, es gab Wassergärten aus dem 18. Jahrhundert, trocken inzwischen, aber voller Wildblumen, und versunkene Gärten, und dort blühten mit ihren knorrigen, rauen Stämmen die krummen und uralten Obstbäume, die den ganzen Stolz ihres Besitzers darstellten.
>
> Langsam, mühsam humpelten die alten Männer die krummen gepflasterten Wege entlang, die im Zickzack zu diesen Bäumen führten. Als sie diese erreichten, wurden sie kleine Steintreppen hinaufgeleitet, die so angelegt waren, dass sie – außer dort, wo Stufen erkennbar wurden – wie natürliche Felsen wirkten, die durch den Boden gebrochen oder vom Himmel gefallen waren. Diese Treppen, die oben auf einer Höhe mit

den Kronen der Bäume enden, sind so nahe bei Apfel, Birne, Pfirsich, Quitte und Kirsche angelegt, dass der Kenner einen vollkommenen Blick auf die Blüte erhält. Selbst für einen Neuankömmling ohne Fachkenntnis der Blütenlehre der Chinesen offenbarte die besondere Ansicht des Baumes, für welche die jeweilige Stufe gebaut worden war, stets eine neue Welt.

Nachdem sie den Aufstieg hinter sich hatten, vertieften sie sich eine ganze Stunde lang in die Blüten, verglichen sie mit der Färbung und dem Duft derjeniger der vorangehenden Jahre. Schließlich bewegten sie sich allmählich davon fort und nahmen die Pflanze und das größere Ganze der Anlage in Augenschein.

Die meisten Menschen, die Obstgärten besitzen oder sie hin und wieder aufsuchen, mögen keine »Künstler« im geläufigen Sinne sein, dennoch können ihre intensiven Verbindungen mit Bäumen

»Die Apfelsammler« von Frederick Morgan (1880)

und Früchten auf andere Weise die Zeit überdauern: in Form von Redensarten, Geschichten, Aberglauben, die sich die ›Künstler des Alltags‹, wenn man sie denn so nennen mag, ausgedacht haben. Und ob das Erzählte wirklich eine Verbindung zur empirisch verbürgten Wirklichkeit hat, ist zuweilen kaum festzustellen, aber vielleicht auch gar nicht entscheidend. Besonders in Mitteleuropa findet man viele Beispiele dafür, die, auch wenn die genauen Ursprünge nicht mehr festzustellen sind, einige Jahrhunderte zurückreichen dürften.

Danach wurden Obstbäume oft als beseelte Wesen aufgefasst, die es zu pflegen und zu respektieren galt, und die Gärten selbst als von Gottheiten bewohnt, womit sich ein Verständnis lange zurückliegender Zeiten fortsetzte. Ihre Entwicklung während des Jahres wurde als parallel zum menschlichen Leben verlaufend verstanden. Und man war sogar davon überzeugt, dass man ihr Wachstum und den Fruchtreichtum mit sehr ungewöhnlichen Maßnahmen beeinflussen könne. Zunächst möchte ich einige Beispiele aus dem deutschsprachigen Raum bieten:

Nach dem Festmahl des Heiligabends trug man Speisereste und Nussschalen zum Obstbaum, um ihn gleichsam zu »füttern«. Zu Hochneujahr, dem 6. Januar, füllte man seinen Mund mit Krapfen, küsste einen Apfelbaum und sagte: »Baum! Baum! Ich küss dich, werd so voll wie mein Maul.« Verbreitet war es ebenfalls, die Bäume an Winterfeiertagen wie Heiligabend, Silvester und Neujahr mit Stroh zu umwickeln – es könnte sich dabei um das Überbleibsel eines Getreideopfers handeln. Man meinte auch, indem man die Obstbäume an bestimmten Feiertagen schüttelte, schlug oder an ihnen klopfte, sie zu mehr Fruchtwachstum anregen zu können.

Ob es wirklich etwas bringt, wenn man bei der Ernte jede zehnte Frucht am Baum belässt, den Bäumen zu Neujahr gute Wünsche zuruft oder einem Baum, der keine Früchte hervorbringt, zur Strafe einen Knochen umhängt, damit er sich mehr anstrengt und schämt?

»Im Obstgarten«, Edmund Charles Tarbell (1891)

Nachdem von einem Obstbaum die erste Ernte eingeholt worden war, sollte man die Früchte in einem großen Korb nach Hause tragen. Nur so, so hoffte man, würde der Baum von der großen Erwartung erfahren, die man an ihn für die darauffolgenden Jahre habe. Man glaubte auch, dass der Baum weiter reichlich Früchte tragen würde, indem man eine Frucht verschenkte, besonders wenn es sich dabei um eine schwangere Frau handelte. Andererseits gab es in der Pfalz den Aberglauben, dass eine Schwangere keinen Obstbaum pflanzen solle, weil man meinte, dass dieser dann keine Früchte tragen werde.

Ein eigentümlicher, aus England bekannter Brauch ist das *apple howling*, bei dem Jungen die Bäume mit Stöcken schlagen und

»Apfelernte«, Camille Pissarro (1888)

eine Variation des Wassail-Songs, eines traditionellen englischen Neujahrsliedes, singen. Das soll böse Geister vertreiben. Oder, wie Volkskundler vermuten, die in den Bäumen schlummernden Parasiten aufschrecken, damit sich die Vögel über sie hermachen können.

Welcher Platz gebührt dem Obstgarten, der so überreich an Traditionen, Techniken und Geschichten ist? Sollte er wirklich an den Rand des Besitzes gedrängt werden, oder verdient er nicht, ins Zentrum des häuslichen Geschehens gerückt werden? William Cobbett hielt ein leidenschaftliches Plädoyer in *The English Gardener* (1829):

> Ich kann keinen Grund erkennen, weshalb man den Küchengarten an irgendeinem abgelegenen Ort, in einiger Entfernung zum Herrenhaus anlegen sollte, als wäre er nichts als ein nötiges Übel und nicht wert, vom Besitzer betrachtet zu werden. Wo findet man, wenn die Bäume Früchte tragen, etwas schöner Anzusehendes als einen Baum, beladen mit

> Kirschen, Pfirsichen oder Aprikosen, besonders den beiden letztgenannten? Es ist eigenartig genug, dass die Leute zwar ihren Kaminsims mit Nachbildungen dieser schönen Früchte dekorieren, während sie offenbar überhaupt nichts von den Originalen am Baum halten, mit all ihren hübschen Beigaben, den sprießenden Zweigen, Knospen und Blättern.

Und was wäre ein Buch über vergessene Obstgärten ohne den Hinweis auf den »Orto dei Frutti Dimenticati«, den »Garten der vergessenen Früchte«, gelegen im italienischen Pennabilli, zwischen Florenz und San Marino, in der Nähe des Flusses Messa? Eine ganz eigene, magische Welt erschließt sich dem Besucher auf dem Gelände, das einst den Missionaren vom Kostbaren Blut gehörte. Hier findet man Obstbäume des Appenin, die vor dem Vergessen und Aussterben bewahrt werden sollen: verschiedene Arten von Äpfeln, Birnen, Quitten, Kirschen und Mispeln. Im Garten finden sich zudem mehrere Sonnenuhren, Taubenhäuser und Skulpturen sowie Werke zeitgenössischer Künstler und die sogenannte »Zuflucht der verlassenen Madonnen«, eine Sammlung von Madonnen aus Terrakotta und Keramik. Man stellte sich vor, dass die Madonnen, die in den Votivzellen an den Kreuzungen der Landstraßen willkommen geheißen wurden, in dieser ruhigen Ecke Zuflucht suchten, um der Nachlässigkeit des Menschen und den Straftaten der Zeit zu entgehen. Ein surreales Obst-Refugium am Rande der modernen Welt.

RÜCKKEHR ZU DEN WILDEN FRÜCHTEN

Die Zeit, als Mönche liebevoll und geduldig Obst im lauschigen Klostergarten züchteten, ist lange vorbei.

Ein großer Teil des Obstes, das heute in Supermärkten angeboten wird, hat seinen Ursprung nicht in romantischen Obstgärten, sondern auf riesigen Plantagen, die kaum anders als Fabriken betrieben werden. Denn es geht darum, geradezu normierte Früchte von gleichbleibender Größe und identischem Geschmack zu erzeugen, die dann auch noch möglichst lange haltbar bleiben sollen und oft geerntet werden, bevor sie ihre völlige Reife erreicht haben. Man muss sich klarmachen, dass es, von den tropischen Regionen auf der Erde einmal abgesehen, bis etwa zur Mitte des 20. Jahrhunderts im weiteren Verlauf des Winters bis in den Frühling hinein oft einen Mangel an frischem Obst und Gemüse gab. Diesen zu beseitigen, wurde erst mit Ferntransporten sowie der Lagerung in Stickstoffatmosphäre möglich, die dafür sorgt, dass die Früchte länger frisch bleiben. Man kann heute auch im Frühjahr und Sommer auf der Nordhalbkugel Granatäpfel kaufen, nachdem sie in Südamerika reif geworden sind und eingeflogen werden können, auf Kosten der ökologischen Gesundheit der Erde natürlich.

Viele der Früchte, die man heute zu kaufen bekommt, sind nicht einmal mehr fruchtbar; denken Sie etwa an kernlose Trauben und Mandarinen oder die Banane. Mit den modernen Methoden und Geräten der Landbewirtschaftung mussten die hohen, großkronigen

Apfelernte noch ganz altmodisch mit der Hand

Obstbäume fast überall niederstämmigen Baumformen weichen, die als zeitgemäßer gelten, weil sie einfacher bewirtschaftet werden können und mehr Früchte erbringen. Häufig sind diese genormten Bäume und Früchte auch anfälliger für Schädlinge und Krankheiten, was ihrerseits den Einsatz von Chemikalien notwendig macht.

Der Begriff »Verzwergung« trifft es am besten. Wer heute durch eine moderne Apfelplantage oder »Obstfabrik« wandelt, sieht lange Reihen von schmalen Spindeln mit einem einzigen Leittrieb. Und die Früchte selbst hängen an kurzen, waagerechten Ästen. Mit den klassischen Obstgärten des 19. oder 20. Jahrhunderts haben diese Intensivobstkulturen nichts mehr gemein. Wir haben uns an früherer Stelle mit den Mauern beschäftigt, die Obstbäume vor Wind und Wetter schützen. Heute steht der Begriff »fruit walls« freilich für etwas ganz anderes: einen mit geringen Abständen angepflanzten Obstgarten, der mechanisch so beschnitten ist, dass eine schmale Hecke entsteht. Es geht darum, Platz zu sparen und mit Hilfe eines Traktors, der das Stutzen der Bäumchen besorgt, menschliche Arbeitskraft zu ersetzen, damit das Obst zu einem günstigen Preis auf den Markt gebracht werden kann.

Wird es überhaupt möglich sein, den Obstbau noch weiter zu optimieren? Furore in Obstzüchterkreisen machte Mitte der sechziger Jahre Anthony Wijcik aus Kelowna in British Columbia. Seine Tochter Wendy hatte in einem fünfzig Jahre alten McIntosh-Apfelbaum eine Mutation entdeckt, bei der sich keine Verzweigungen mehr zeigten, sondern die Früchte direkt an kurzen Spießen saßen. Dieser sehr gerade, säulenförmig wachsende »Baum« wurde »McIntosh Wijcik« genannt. Der Nachteil der großen, dunkelroten Früchte ist nun allerdings, dass sie gar nicht so gut schmecken, wie man sich das wünschen könnte.

In der East Malling Research Station in Kent, England, wurde der Säulenapfel mit einem Hybrid des »English Cox's Orange Pippin« und des »French Court Pendu Plat« zu einem Zierapfel mit dem Namen »Flamenco« oder »Ballerina« gekreuzt. Dieser eignet sich

In Gemeinschaft ist die Ernte ein besonderes Vergnügen
(Ort der Aufnahme unbekannt)

sogar als Balkonpflanze. Die Äpfel sind allerdings relativ krankheitsanfällig. Die wohl kaum noch zu überbietende Steigerung sind sogenannte Minarette – schlanke, säulenartige Obstbäumchen die, wenn man sie in Töpfen pflanzt, ihren Platz sogar auf einem geräumigen Balkon finden können.

Experimentiert wird nicht zuletzt mit Hybriden bekannter Obstarten, denen man ungewöhnliche Namen zuordnet: »Aprisali« etwa heißt eine Züchtung aus Pflaumen und Aprikosen, für »peacotums« werden Pfirsich, Aprikose und Pflaume gekreuzt. Vielleicht ist »Cosmic Crisp«, wie die New York Times schreibt, »der vielversprechendste und bedeutendste Apfel der Zukunft«? Der Geschmack des Apfels, der vor zwei Jahrzehnten zuerst an der Washington State University, im Nordosten des Bundesstaates, gezüchtet worden ist, und seine lange Lagerfähigkeit sprechen dafür.

In Amerika konzentrieren sich zwei Drittel der Apfelproduktion auf den Bundesstaat Washington. Einer neueren Statistik zufolge werden neunzig Prozent davon von gerade einmal fünfzehn Apfelsorten abgedeckt, die führende ist der »Red Delicious«. Früher war die Situation anders: Nach einer Schätzung gab es im Laufe der Jahrhunderte 17 000 Sorten, die in Amerika angebaut wurden. Von diesen sind aber inzwischen 13 000 verloren gegangen, weil es die vielen familiengeführten Obstgärten nicht mehr gibt, die sich früher über fast alle Regionen Amerikas verteilten.

»Wer sie gekostet hat, schwärmt mit glänzenden Augen von ihnen und tut in der lebhaften Erinnerung an diesen Genuss einen tiefen Seufzer«, sagte 1944 der englische Schriftsteller Philip Morton Shand – meinte damit allerdings die Apfelsorten »Somerset Pomeroy« und »Court of Wick«, die es bis heute gibt.

Auch wenn der Geschmack der Sorten nicht so dramatisch unterschiedlich gewesen sein dürfte, sind viele dieser alten Sorten in Vergessenheit geraten, vielleicht sogar ganz verloren. Große Fruchtproduzenten konzentrieren sich meist auf die süßen Früchte. Aber es gibt immer mehr Wertschätzung für Äpfel, die komplexere Geschmacksnoten aufweisen. »Yarlington Mill« und »Kingston Black« sind Beispiele für altenglische Sorten, die Bitterkeit und Süße auf interessante Weise miteinander verbinden.

Was geht alles verloren, wenn wir mit Blick auf Massenkonsum und ästhetische Vollkommenheit züchten?

David Mas Masumoto schildert in seinem Buch *Epitaph for a Peach: Four Seasons on my Family Farm* (1995) eindringlich, unter welchem Druck Obstbauern heute stehen, die Sorten zu produzieren, welche gerade gefragt sind. So sehr er bestimmte Sorten von Pfirsichen auch schätzt, muss er auf andere Sorten umsteigen, und sei es nur, weil diese neuen Sorten mehr die Farbe von rotem

Lippenstift haben und nicht das typische Bernsteingelb, das sich traditionell mit den Früchten verbindet:

> Meine letzten Sun-Crest-Bäume werden ausgegraben werden. Ein Bulldozer wird gerufen werden, sich auf meine Plantage schieben, jeden Baum aus der Erde reißen und zur Seite werfen. Die Geräusche krachender Äste und splitternder Stämme werden über das Land hallen. Mein Obstgarten wird schnell fallen, verschlungen von der Kraft des Dieselmotors und der Tatsache, dass offenbar niemand einen Pfirsich mit wunderbarem Geschmack haben möchte … Sun Crest ist eine der letzten wirklich saftigen Pfirsichsorten. Wäscht man diesen Schatz unter einem Schwall kühlendem Wasser, suchen die Fingerspitzen instinktiv nach der saftigen Seite der Frucht. In Vorfreude läuft einem das Wasser im Mund zusammen. Man beugt sich über den Spülstein, damit man sich nicht bekleckert. Dann drückt man die Zähne ins Fruchtfleisch und der Saft läuft einem über die Wangen und baumelt am Kinn. Es ist ein echter Biss, ein ursprünglicher Akt, ein magisches Fest der Sinne, das verkündet, dass der Sommer gekommen ist.

So weh es ihm auch tat, sah Masumoto keine andere Möglichkeit, als seine alten Sorten zu zerstören und neue anzupflanzen, um sein Überleben als Pfirsichbauer zu sichern.

Lobenswert sind alle Bemühungen, die genetische Vielfalt zu erhalten. Die britische National Fruit Collection kann eine wechselvolle Geschichte vorweisen: Die im Südosten Englands gelegene Brogdale Farm beherbergt heute 2200 Apfelsorten, 550 Birnen-, 285 Kirsch-, 337 Pflaumen-, 19 Quitten-, 42 Nuss- (vor allem Haselnuss) sowie 4 Mispelsorten. Man steht professionellen Obstgärtnern mit Rat und Tat zur Seite. Vielerorts werden Obstwettbewerbe veranstaltet. Manche Forschungszentren bieten Fruchtverkostungen an, bei denen jeder Besucher für sich feststellen kann, welche Frucht ihm am besten schmeckt. John Preece vom National Clonal Germplasm Repository (dt. etwa: Nationales Keimplasma-Klon-Archiv) im kalifornischen Davis zum Beispiel kredenzt interessierten Besuchern regelmäßig eine Auswahl von Granatäpfeln und Kakis bzw. Persimonen zum Verkosten.

Damit werden nicht nur Obstsorten bewahrt, in vielen Ländern gibt es auch eine erfreuliche Rückbesinnung auf überschaubare Obstgärten, bei denen nicht nur die Aussicht auf kurzfristigen Gewinn, der auf kleinstem Raum erwirtschaftet wurde, im Vordergrund steht, sondern auch der Gedanke, dass sich etwas Umfassenderes, Bedeutsameres, auch schöner Anzusehendes damit verbindet, das nicht einfach nur in Geldwert aufgewogen werden kann.

Neben den Streuobstwiesen sind die kleineren, überschaubaren Obstgärten besonders hervorzuheben. Dort arbeiten Menschen, die mit Früchten mehr verbinden als bloßes Nutzendenken. So ehrenhaft und wichtig die Arbeit auf den in großem Maßstab betriebenen Plantagen auch ist – schließlich wollen Milliarden von Menschen heute mit Obst versorgt werden –, so lassen sie wohl zwangsläufig oft den Zauber vermissen, den frühere Generationen erfahren haben müssen, wenn sie mit den Bäumen und Früchten gelebt und gearbeitet haben.

Der Fantasie von Obstgärtnern sind kaum Grenzen gesetzt. In einem Garten von Ortakentyahşi, in der Nähe von Bodrum an der türkischen Ägäis, erklärte mir Ali Cila, der Besitzer dieser Plantage, dass er den Fruchtertrag steigern kann, indem er Granatapfelbäume mit Olivenbäumen durchmischt. Wer wollte ihm widersprechen, wenn er davon so felsenfest überzeugt ist? Er macht sich auch einen Spaß daraus, auf ein und demselben Granatapfelbaum eine süße und eine saure Sorte wachsen zu lassen. Aufgeplatzte Früchte, die sich nicht mehr für den Verkauf eignen, werden den Hühnern vorgesetzt, die sich dann an den Kernen satt fressen können. Vermutlich unbewusst setzt er damit eine Tradition fort, die Jahrtausende

Aufgebrochene Granatäpfel als Futter für die Hühner. Bodrum, Türkei

zurückreicht: verdorbene, für den menschlichen Verzehr ungeeignete Früchte Haustieren oder wild lebenden Tieren zu geben. In Gehegen gehaltene Rehe etwa können, wenn der Wind gut steht, Äpfel schnell riechen und kommen dann herbei.

Das Alte Land mit seinen über 10 000 Hektar, die zu drei Vierteln von Apfelbäumen bestanden sind, stellt das größte zusammenhängende Obstanbaugebiet Europas dar. Es erstreckt sich in südwestlicher Richtung von Hamburg auf niedersächsischer Seite am südlichen Elbufer entlang. Obwohl schon im 14. Jahrhundert erwähnt, entwickelte sich der Obstbau als Monokultur dort erst während der zweiten Hälfte des 19. Jahrhunderts zur vorherrschenden Wirtschaftsform. Bald nachdem man im 16. Jahrhundert Pflaumen- und Zwetschgenbäume dort anzubauen begann, wurde England zu einem der größten Abnehmer dieser Früchte – sie kauften sie in unreifem Zustand, kochten sie mit Zucker auf und verkauften sie als »Sweet Pickles«. Lange dominierten

Kirschbäume. So schrieb 1864 ein gewisser J. G. Kohl in seinen »Nordwestdeutschen Skizzen«:

> Weil der Kirschbaum die Milch gebende Kuh des Landes ist, hat man ihn überall hingepflanzt, wo nur ein freies Plätzchen war. Diese wohlgefälligen und nützlichen Bäume wuchern daher hier wie Unkraut, haben sich nicht nur innerhalb der Umzäunung ihrer eigentlichen Pflanzstätten oder Gärten gehalten; sie marschieren vielmehr auch an der Böschung des Deiches hinauf und haben auf dem Deich selbst Fuß gefasst. Auch die Kirchtürme stecken bis am Rand im Kirschenwald. Wenn man einmal an einer erhöhten Stelle einen weiten Blick ins Land gewinnt, sieht man sie wie Leuchttürme aus dem Obst- und Buschmeer hervorragen.

So gerne man mit dem Alten Land traditionelle Obstgärten assoziieren mag, sind auch hier schon lange die hochstämmigen Bäume den leichter zu bewirtschaftenden Buschreihen gewichen.

Einen bemerkenswerten Obstgarten gibt es in Unterfranken – einer Region, die sonst eher für ihren Weinbau bekannt ist –, das Fränkische Rekultivierungsprojekt alter Quittensorten. Dort konzentriert man sich ganz auf Quittengehölze, und zwar solche, die in früheren Zeiten als Landsorten kultiviert wurden und nun Gefahr laufen, für die Nachwelt verloren zu gehen. Quitten sind in den letzten Jahren immer beliebter geworden. Vielleicht hat das mit einer Wertschätzung für nicht so süße Früchte oder mit einer Sehnsucht nach früheren Zeiten zu tun, als Quittenbäume noch viel häufiger kultiviert wurden als heute – wie auch Mispeln und Maulbeeren.

Auf dem erwähnten Hof folgt man ökologisch-biologischen Grundsätzen. Die Bäume sollen vor allem gut gedeihen, es geht nicht in erster Linie darum, einen möglichst hohen Fruchtertrag zu erzielen. Die sogenannte Gehölzvitalität steht im Vordergrund, und wenn es um diese gut bestellt sei, so ist man überzeugt, übertrage sie sich auf die Qualität der Früchte. Nicht einmal auf künstliche Bewässerung greift man zurück. Man spricht auch von extensiver Landschaftspflege und geht davon aus, dass der Fruchtgewichtszuwachs an den natürlichen Wasserhaushalt des Bodens gekoppelt ist. Nur so sei es möglich, das Aroma des Obstes in seiner »authentischen Potenz« zu konzentrieren. Es steht eine besondere Philosophie dahinter, die für Laien nicht ohne weiteres zu verstehen ist.

Dann kam man auf die Idee, gezielt Weidetiere anzusiedeln und auf die Unterwuchspflege mit Mähmaschinen zu verzichten. Das hat vor allem ökologische Gründe, und es gibt eine viel bessere, schonende Methode, die unter den Bäumen wachsenden Gräser in Schranken zu verweisen. Das Coburger Fuchsschaf, eine alte Landschafrasse mit goldgelb bis rotbraun gefärbtem Fell, erschien als Tier der Wahl, weil es früher in kargen Mittelgebirgen zu Hause war, die von den klimatologischen Bedingungen mit Franken vergleichbar sind. Schafe werden allgemein wegen ihres »goldenen Tritts« gelobt, das heißt, sie verdichten den Boden, ohne ihm dabei ernsthaften Schaden zuzufügen. Sie schonen die Vegetationsnarbe. Auch rupfen Schafe das Gras eher, als dass sie es beißen. Vergleichbar mit dem Ansatz für die Quittenbäume, stehen Wollqualität und Fleischmasse weniger im Vordergrund, Aspekten wie Vitalität, Hufentwicklung und Verhalten wird eine größere, die Abläufe bestimmende Wichtigkeit beigemessen.

Dann konnte man beobachten, dass sich auf den Anbauflächen Pflanzen und Insekten tummeln, die sonst nicht mehr so häufig anzutreffen sind. Hier treffen also zwei lobenswerte Anliegen aufeinander: Einerseits werden bedrohte Quittenlandsorten vor dem Vergessen und Aussterben bewahrt, andererseits eine alte Schafrasse gefördert, die sich im Jahreszyklus dort sehr wohl fühlt und gut gedeiht. Flora und Fauna stehen in diesem Obstgarten in einem neuen, zukunftsweisenden Verhältnis. Insgesamt werden acht Hektar

Schafe in einem Obstgarten in Kent im Südosten Englands

»Quittenbaumfelder« bewirtschaftet. Da die etwa einhundert angebauten Sorten jeweils zu etwas unterschiedlichen Zeitpunkten reif werden, erstreckt sich die Ernte der zitronengelben, großen Früchte von Ende September bis in die letzte Oktoberwoche.

Dieses Beispiel findet sein Echo in Großbritannien, wo das robuste Shropshire-Schaf, das zuerst in deutschen Weihnachtsbaumschulen eingesetzt wurde, nun auch in Ciderapfel-Plantagen zur Verwendung kommt. Es gilt als sanftmütig, ruhig und freundlich, nutzt die Gänge zwischen den Baumreihen, entrindet, solange es ausgewogenes Futter bekommt, nicht die Bäume, ist gut zum Kurzhalten des Grases geeignet und bringt zusätzliche Einkünfte. Und wenn es im Herbst heruntergefallenes Laub frisst, reduziert es die Menge überwinternder Pilzsporen, die zu Apfelschorf führen. Die Kosten für die Bekämpfung von Unkraut und chemische Herbizide können so verringert werden. Natürlich muss das Grasen der Schafe und das Spritzen gut aufeinander abgestimmt sein. Andere Rassen können sich außerdem gut für eine bestimmte Situation eignen. So hält etwa das Olde English Babydoll das Gras in Weinbergen kurz, frisst aber nicht die Blätter der Rebstöcke.

Der Einsatz von Schafen erinnert an die in die Vergangenheit zurückreichende Verbindung zwischen Tieren und Obstgärten. An mehreren Stellen dieses Buches haben wir gesehen, dass größere und kleinere Tiere in Obstgärten oder für die Streuung von Samen und Kernen eine wichtige Rolle spielen: angefangen bei wilden Pferden und Kamelen, die Früchte fraßen und die Überreste oft weit entfernt wieder ausschieden, bis hin zu Affen, die darauf trainiert wurden und werden, für den Menschen schwer erreichbare Früchte an hoch wachsenden Bäumen zu pflücken. Bienen stellen den Transport von Pollen auf Blüten sicher und erhöhen den Fruchtertrag durch ihre Emsigkeit. Andere Insekten werden gezielt eingesetzt, um den Schädlingsbefall in Zaum zu halten. Auch Hühner, Enten und Gänse können ihren Beitrag dazu leisten. Wobei besonders Gänse auch junge Baumpflanzungen gefährden können. Es gilt also genau abzuwägen, welche Laufvögel man in einen Obstgarten lässt.

Obstgärtner von heute erweitern kontinuierlich die Grenzen und greifen zugleich auf Methoden aus der Vergangenheit zurück. Und es gibt Obstgärten an Orten, wo man sie überhaupt nicht vermuten würde. Einhundert Kilometer südöstlich von Salzburg, im Herzen Österreichs, liegt der etwa 50 Hektar umfassende Krameterhof. Allerdings nicht irgendwo gut geschützt in einem Tal, sondern zwischen 1100 und 1500 Meter Höhe über dem Meeresspiegel, wo man normalerweise eine karge Berglandschaft mit Fichten antreffen würde. In Lehrbüchern heißt es, über 1000 Meter Höhe würden keine Obstbäume mehr gedeihen. Das dürfte dieses Beispiel widerlegen: Da steht ein Mirabellenbaum mit den typischen reifen Früchten, ein Apfel-, Birn- und Pflaumenbaum. Es mag unglaublich klingen, aber es sind Tausende von Obstbäumen.

Auch in den Obstgärten des Krameterhofes gehören Tiere immer dazu

Das Grundprinzip des experimentierfreudigen Biobauern Josef Holzer, der von vielen auch als »Agrar-Rebell« oder »Agrar-Pionier« bezeichnet wird, ist, die Wechselwirkungen zwischen Pflanzen, Tieren und der physikalischen Umwelt auszunutzen. Nach der Übernahme des Hofes von seinem Vater im Jahre 1962 hatte er als erste Maßnahme die Steilhänge einer radikalen Umgestaltung unterzogen, indem er Terrassen anlegte, in die er kleine Teiche integrierte. Seitdem bewirtschaftet er den Hof gemeinsam mit seiner Frau Veronika. Was die Baumpflege angeht, haben sie eine eigene Philosophie: »Das sind alles selbstständige Bäume, die müssen nicht geschnitten werden. Denn wenn man Bäume schneidet – ich habe ja Baumschulwärter gelernt –, dann muss man sie immer schneiden; dann werden sie abhängig und süchtig. Die hätten keine Chance hier oben«.

In Zusammenhang mit den Kirschen war bereits von den Bienen die Rede. Manche Obstbauern in Andalusien gehen noch einen Schritt weiter, indem sie Insekten in ihren Plantagen ganz gezielt einsetzen. Sie haben eine besonders geschickte Methode entwickelt, Läusen zu Leibe zu rücken: In »Insektenhotels«, Holzkästen, die neben den Baumreihen platziert werden, bringen sie Spinnen als natürliche Feinde der Läuse unter. Damit ist es den Bauern zumindest teilweise möglich, auf Pflanzenschutzmittel zu verzichten.

Erfreulich ist die Wiederentdeckung der Gärten als altes Natur- und Kulturgut. Die anhaltende Sehnsucht nach den Gärten und auch den Obstgärten, »wie sie früher einmal waren«, hängt sicherlich auch damit zusammen, dass unsere Welt in weiten Teilen zersiedelt, die Natur vielfach verdrängt worden ist, wenn sie nicht sogar ganz zerstört wurde und ihr altes »Gesicht« nicht mehr zu erkennen ist. In manchen Obstgärten werden alte Bäume, selbst abgestorbene, ganz bewusst stehen gelassen, um einen Lebensraum für Insekten, Spinnentiere, Tausendfüßler und unzählige andere Kleintiere zu schaffen. Wildhecken, Haufen aus Ästen und Steinen, selbst brachliegende Bodenflächen bieten größeren Tieren wie Füchsen, Dachsen und Blindschleichen Lebensräume. Das heißt umgekehrt nicht, dass alles dem freien Spiel der Kräfte überlassen wird, bestimmte Tiere nicht auch in ihre Schranken verwiesen würden: Wenn es zu viele Borkenkäfer gibt, gehen sie ins Holz und zapfen die Saftströme des Baumes an. Und wenn Mäuse in größerer Zahl anrücken, können sie in nur wenigen Tagen das Wurzelwerk eines Baumes wegfressen.

Hier und da erfreuen sich Obstblütenfeste neuer Beliebtheit, die die Obstgärten mit Leben füllen und an die »guten alten Zeiten« erinnern sollen. Eine gewisse Bedeutung für das Bewusstsein um das Saisonale in den Obstgärten kommt dem in heidnische Zeiten zurückreichende Beltane-Festival in Irland und England zu, das Anfang Mai stattfindet und mit dem Verbrennen des Holzes von Bäumen beginnt, die als heilig verstanden werden.

Die kleineren, »langsamer« bewirtschafteten Obstgärten von früher und von heute schenken der Gemeinschaft und den Menschen mehr als nur ihre Früchte. Bei aller Vereinheitlichung von Anbauflächen und zu Recht beklagtem Verlust an biologischer Vielfalt gibt

es eben doch auch Ansätze und Entwicklungen, die in eine andere Richtung weisen und dem Obstbau einen Stellenwert einräumen, den er früher für viele Menschen gehabt hat, die dann natürlich meistens noch in der Landwirtschaft tätig waren.

EPILOG – OBSTGÄRTEN, OBSTWÄLDER, EIN NEUER ANFANG

Oasen mit Dattelpalmen und anderen Fruchtbäumen im Unterwuchs können zu den ersten »Obstgärten« gezählt haben. Einige sehr alte Oasen existieren bis heute, in einigen Fällen sehen sie ganz anders aus, in anderen sind sie bemerkenswert unverändert. Nicht immer ist es möglich zu erkennen, wo die ursprünglichen Oasen begannen und endeten. Und vom Grundprinzip her hat sich das Leben in den Oasen kaum verändert. Dennoch ist die moderne Zeit nicht spurlos an ihnen vorbeigegangen. Die verwendeten Materialien für die Wasserleitungen sind andere als noch vor vier- oder fünftausend Jahren, und die Abläufe sind effizienter organisiert als früher. Die Pflege der Dattelhaine auf der Arabischen Halbinsel, in den Vereinigten Arabischen Emiraten etwa, obliegt heute in der Mehrzahl Arbeitern aus Indien, Bangladesch und Pakistan. Statt mit Kamelen wird die Wüste nun mit Geländewagen durchquert. Die Pumpen, mit denen Wasser aus der Tiefe geholt wird, sind effektiver, und das Wasser, das zum Teil mit Hilfe von Meerwasser-Entsalzungsanlagen an der Küste gewonnen wird, trug dazu bei, die Fläche der bewirtschafteten Oasen stark auszudehnen.

Auch anderenorts ist die Zeit nicht spurlos vorübergegangen. In der im Nordwesten Ägyptens in einem tiefen Becken gelegenen Oase Siwa, die von Tausenden artesischen Brunnen profitiert, sind Dattelpalmen zwar bis heute eine wichtige Nutzpflanze, allerdings

Pfirsichernte in Griechenland (ca. 1960)

kommen sie inzwischen nur noch in wenigen Arten vor. Olivenbäume haben dort im Laufe der letzten Jahrzehnte an Bedeutung gewonnen, und die große griechische Kalamata-Olive hat mehr und mehr die traditionelle Hamed-Olive verdrängt. Neben diesen traditionell dort angebauten Bäumen werden inzwischen auch Äpfel, Guaven, Kaktusfeigen und Bananen kultiviert.

Beschaulicher sind die relativ leicht zugänglichen und in abwechslungsreichen Landschaften gelegenen Oasen im Süden Tunesiens, dem Bled el Djerid, unweit der Grenze zu Algerien. Die Oasen Nefta und Tozeur liegen vor Nordwinden gut beschützt und weisen eine Vielzahl natürlicher Wasserquellen auf. In den Gärten wechseln sich Dattelpalmen mit Oliven-, Orangen-, Feigen-, Aprikosen- und Pfirsichbäumen sowie Weinreben ab. Die Bewässerung erfolgt über ein ausgetüfeltes System von Dämmen und Gräben. Die Dämme waren lange aus Palmenstämmen gebaut, die mit langen, tiefen Einschnitten versehen waren – die Anzahl richtete sich dabei nach der Menge an Wasser, die in einer bestimmten Zeit durch jeden dieser Dämme fließen sollte.

Im Palmeral de Elche, einer Palmenoase im Südosten Spaniens, wachsen bis heute 200 000 Dattelpalmen. Mit etwas Fantasie kann man sich dort in die Stimmung eines arabischen Gartens versetzen. Die ältesten Palmen sollen 300 Jahre alt sein, viele wachsen bis zu vierzig Meter in die Höhe. Jahr für Jahr werden dort um die 2000 Tonnen Datteln geerntet.

Es ist von großem Wert, sich vorzustellen, wie unsere Früchte einst gewesen sind, durch wie viele Hände all die Kerne, Zweige und Stämme gegangen sein müssen und welchen weiten Weg sie seitdem zurückgelegt haben – sowohl zeitlich als auch geografisch. Wer einen Obstbaum pflanzt, tut das nicht nur für sich selbst, er ist eine Investition in die Zukunft. In diesem Sinne ist das Pflanzen der Bäume, das Anlegen eines Obstgartens ein zukunftsweisendes, die Generationen verbindendes Projekt. Obstgärten wohnt etwas Überzeitliches inne, weil das Werden und Vergehen der Bäume eng mit dem der in ihrer

Nähe lebenden Menschen korrespondiert. Der Romanist Robert Pogue Harrison, Literaturwissenschaftler an der Stanford University, betont die hohe moralische Aufgabe, die sich mit Gärten verbindet.

> Ein von Menschen angelegter Garten entsteht in der Zeit und durch sie. Er wird vom Gärtner im Voraus geplant, dann wird er dementsprechend besät oder bestellt, und zu gegebener Zeit bringt er die Früchte oder den erhofften Genuss hervor. Unterdessen plagen den Gärtner tagein, tagaus neue Sorgen. Denn wie eine Geschichte hat ein Garten sozusagen seine eigene sich entwickelnde Handlung, deren Verwicklungen den Besorger unter mehr oder weniger beständigen Druck setzen. Der wahre Gärtner ist immer »der ständige Gärtner«.

Wenn Bauern und die Betreiber von Obstgärten, die sich auf traditionelle Anbaumethoden zurückbesinnen, »Rebellen« sind, wie soll man dann die urbanen Aktivisten nennen, die den Obstbau wortwörtlich auf die Straße bringen? In ihrem Traum von großstädtischen Obstwäldern pfropfen Guerilla-Veredler Fruchtreiser auf Stadtbäume, die eigentlich zu rein dekorativen Zwecken gedacht sind. Weil auf Gehwege herabfallende Früchte eine Gefahr für Fußgänger darstellen und Nagetiere und Insekten anlocken können, ist diese Praxis mancherorts strenggenommen illegal. Sie kann sogar als Vandalismus gelten. Zu ihrer Verteidigung führen die Guerilla-Veredler an, dass sie sich um die Bäume kümmern und sicherstellen, dass sie gut gedeihen und keinen Schaden anrichten. Eine »zahmere« Art und Weise, Obst direkt zu den Menschen zu bringen, sind die vielen gemeinschaftlichen und innerstädtischen Obstgärten, die in Großstädten wie San Francisco, Los Angeles, Philadelphia oder Vancouver sowie auch außerhalb Nordamerikas aus dem Boden schießen.

***

Obwohl nicht auf dem Land aufgewachsen, sondern mitten in Berlin, hatte ich das Glück, von frühester Kindheit an vom Frühjahr bis zum Herbst von Obstbäumen umgeben zu sein, die um das kleine Gartenhaus standen. Neben meiner geliebten Schaukel, die im vorderen Teil unweit des Zauns zum Nachbargarten aufgestellt war, gab es Johannisbeer-, Himbeer- und Stachelbeersträucher sowie kleine Büsche mit Walderdbeeren. Letztere waren viel kleiner, spitz zulaufender, nicht so süß wie die, die man heute zu kaufen bekommt, dennoch hatten sie ein umso deutlicher ausgeprägtes Aroma. Den kleinen Walderdbeerbüschen widerfuhr dort nicht das Schicksal der kommerziell angebauten Pflanzen, die nach der Ernte ausgerissen werden. Bei uns durften sie bleiben und jedes Jahr wieder ihre Früchte entwickeln. Neben Stachelbeer- und Johannisbeerbüschen hatten wir etliche Apfel-, Birn- und Pflaumenbäume. Im Spätsommer wurden die reifen Früchte mit dem Pflücker (eine Kombination von Beutel und Zange an einer langen Stange) von den Zweigen geholt, und zwar gerade noch rechtzeitig, bevor sie von selbst herunterfielen. Da die Bäume hoch in den Himmel ragten, benutzten wir eine wacklige Holzleiter dafür. Das Ersteigen war für mich als kleinen Jungen jedes Mal ein schwindelerregendes Abenteuer.

Nachdem wir die Ernte eingeholt hatten, waren meine Eltern – von Wespenschwärmen umringt – ganze Wochenenden lang damit beschäftigt, sie in Dampfentsaftern zu verkochen und den Saft über einen Gummischlauch in Flaschen abzufüllen, die sorgsam mit roten Gummipropfen verschlossen wurden. Jedes Jahr kamen etliche Flaschen zusammen. Der Saft wurde dann im Laufe des Winters genossen. Ich erinnere mich auch an einen großen Holunderbusch hinter dem Haus, dessen Früchte einen fast penetrant süßlichen Geruch verströmten und dunkle Flecken auf der Terrasse hinterließen. Und sogar Weintrauben wuchsen in einem dichten Gestrüpp hinter der Laube, allerdings waren sie so klein, grün und sauer, dass nur die Vögel Freude an ihnen hatten. Wer die Bäume

Ein Flughund hat sich eine Frucht geschnappt

und Beerenbüsche ursprünglich einmal gepflanzt hatte, haben wir nie in Erfahrung bringen können. Sicher war nur, dass die Bäume schon einige Jahrzehnte alt waren, möglicherweise waren sie kurz nach dem Zweiten Weltkrieg gepflanzt worden. Auch kamen wir nicht auf die Idee, einen »Fruchtdetektiv« zu bemühen, um die Sorten festzustellen, die uns verlässlich Jahr für Jahr ihre Produkte lieferten. Wir lebten gerne mit diesem kleinen Geheimnis. Es war ein Garten von der Art, wo die Besitzer manchmal so von der Fruchtfülle ihrer Bäume überwältigt werden, dass sie prallvolle Tüten mit Äpfeln und Birnen als Geschenk für Spaziergänger an die Zäune hängen.

Als ich ich dabei war, dieses Buch fertigzustellen, erfuhr ich von einer ganz erstaunlichen Untersuchung, die mich daran erinnerte, wie die frühen wilden Obstarten über eine Fläche großer Ausdehnung, die gemäßigte Zone der nördlichen Erdhalbkugel, heimisch werden konnten. Palmenflughunde – die großen Verwandten der

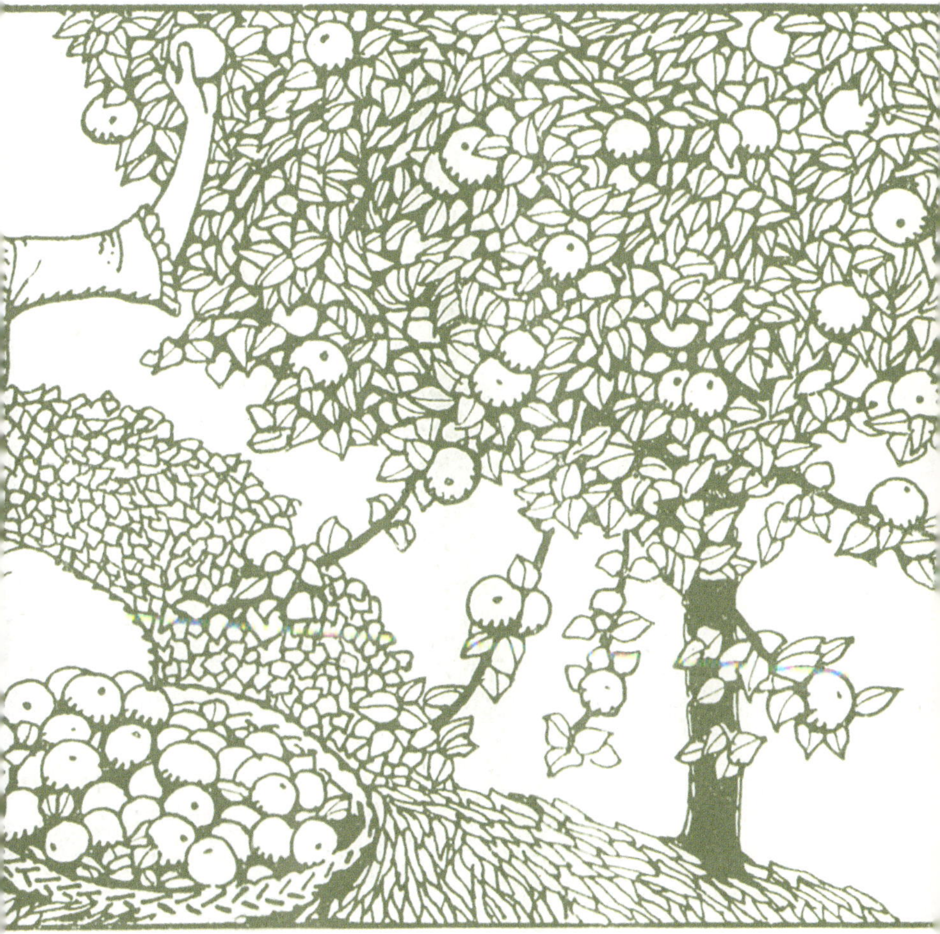

Fledermäuse – verbreiten, wie man mithilfe von GPS-Sendern herausgefunden hat, über riesige Entfernungen die Samen von Bäumen und helfen so beim Wiederaufforsten gerodeter Flächen. Dabei sind es nicht nur die Samen von Dattelpalmen, sondern auch von Mangos und anderen Früchten. Man muss sich das so vorstellen, dass die Flughunde bei Sonnenuntergang aus einer Stadt wie Accra in Ghana, in der es wenige Obstbäume gibt, aufbrechen und sich auf die Suche nach Früchten begeben. Haben sie sich einmal gesättigt, bleiben die Samen zwischen einer und acht Stunden in ihrem Darm, bevor sie diese auf dem Rückweg wieder ausscheiden. Sie ähneln in ihrem Flugverhalten den Zugvögeln. Sie überfliegen Waldgrenzen, fliegen über offene Landschaften und können die Samen der Früchte bis zu 75 Kilometer weit verbreiten.

Es handelt sich dabei keineswegs um ein regional begrenztes Phänomen: Diese Flughunde kann man von der Elfenbeinküste am Atlantik bis nach Kenia am Indischen Ozean antreffen. Sie übernehmen, so erläutert die Biologin Dina Dechmann vom Max-Planck-Institut für Ornithologie und der Universität Konstanz, damit eine Schlüsselrolle für den Fortbestand der Obstbäume. »Die Palmenflughunde verbreiten unter anderem schnell wachsende Bäume, die als Pionierarten die richtige Umgebung für das Ansiedeln und Wachsen weiterer Baumarten schaffen«, sagt sie. Mit ihrer schwedischen Kollegin Mariëlle van Toor von der Linné-Universität in Kalmar hat Dina Dechmann ihre Beobachtungen mit weiteren Zahlen konkretisiert. Danach verteilen die geschätzt 152 000 Flughunde, die alleine in Accra zu Hause sind, während ihrer nächtlichen Flüge 338 000 Samen auf ein großes Areal. In nur einem Jahr können sie auf diesem Wege alleine in Ghana ganze 800 Hektar mit den schnell wachsenden Bäumen aufforsten, deren Früchte sie verzehrt haben.

Der Fall der Flughunde zeigt, wie neue Ökosysteme entstehen können, ohne dass Menschen dabei ihre Hand im Spiel hätten. Und die Verbreitung von Obstbäumen, ja wilden Obstwäldern setzt sich vielerorts fort, ohne dass irgendjemand davon Notiz nehmen würde. Jedes Mal, wenn während eines Ausflugs in der Natur ein paar Obstkerne zurückbleiben, beinhaltet das die kleine Möglichkeit, dass ein widerstandsfähiger neuer Baum daraus erwächst und sich dessen Samen bzw. Kerne dann weiter »auf die Reise« begeben, irgendwo fruchten …

DANKSAGUNG

Menschen, die sich mit Pflanzen beschäftigen, teilen ihr Wissen gerne. Davon habe ich bei der Arbeit an diesem Buch profitiert. Ein großer Dank gilt zunächst meiner Lektorin Jane Billinghurst, die als profunde Pflanzenkennerin für die Zusammenarbeit geradezu prädestiniert war. Mein Dank geht auch an den Verleger Rob Sanders und das Team von Greystone Books. Ich freue mich, dass sich Hans Peter Buohler, Programmleiter des Knesebeck Verlags, für die Idee einer deutschsprachigen Ausgabe begeisterte. Dr. Angelika Künne sei an dieser Stelle für das Lektorat gedankt, Tobias Rothenbücher für die Übersetzung etlicher englischsprachiger Zitate.

Sehr hilfreich waren das sorgfältig gepflegte naturwissenschaftliche Privatarchiv meines Freundes Prof. Ulrich Meyer, die Informationen von Dr. Karin Hochegger über die Baumgärten Sri Lankas, Julie Angus' Informationen zur frühen Kultivierung von Oliven sowie die umfangreiche Bibliothek des Botanischen Museums in Berlin-Dahlem. Ich danke Karin Oehme, der Leiterin dieser Bibliothek, und ihren freundlichen Kolleginnen dafür, dass sie mir Zugang zum Archiv gewährten. Jedem, der zu einem Besuch Gelegenheit hat, empfehle ich den berühmten Botanischen Garten Berlins – er ist ein inspirierender, sogar magischer Ort. Ein ganz besonderer Dank gebührt Dr. Hilke Steinecke vom Palmengarten Frankfurt am Main, die das Manuskript zu einem frühen Zeitpunkt gelesen, mich auf Unstimmigkeiten hingewiesen und eine Reihe von wichtigen Anregungen gegeben hat.

Dank gebührt auch meinen Eltern, mit denen ich vor mittlerweile vier Jahrzehnten die Zitronengärten von Amalfi und die Oasen von Nefta und Tozeur erwandert habe.

Die Verantwortung für eventuelle Fehler liegt allein bei mir.

AUSGEWÄHLTE LITERATUR

ohne Verfasser. *Von der gesunden Lebensweise: Nach dem alten Hausbuch der Familie Cerruti.* München: BLV Verlagsgesellschaft 1985

Attlee, Helena. *The Land Where Lemons Grow: The Story of Italy and Its Citrus Fruit.* London: Penguin 2014

Barker, Graeme und Goucher, Candice (Hg.). *The Cambridge World History. Volume II. A World with Agriculture, 12,000 BCE – 500 CE.* Cambridge: Cambridge University Press 2015

Barlaeus, Caspar. *História dos feitos recentemente practicados durante oito anos no Brasil.* Belo Horizonto und Sao Paulo: Itatiaia & EDUSP, 1974

Barron, Archibald F. *Vines and Vine Culture.* London: Journal of Horticulture 1892

Bartos, Jim. »The Spiritual Orchard: God, Garden and Landscape in Seventeenth-Century England before the Restauration«. *Garden History* Vol. 38 No.2 (Winter 2010), pp. 177–193

Baumann, Hellmut. *Die griechische Pflanzenwelt in Mythos, Kunst und Literatur.* München: Hirmer Verlag 1982

Beach, Spencer Ambrose. *The Apples of New York.* Albany: J. B. Lyon 1903

Bennett, Sue. *Five Centuries of Women and Gardens.* London: National Portrait Gallery 2000

Beuchert, Marianne. *Die Gärten Chinas.* Frankfurt am Main: Insel Verlag 1998

Biffi, Annamaria und Vogel, Susanne. *Von der gesunden Lebensweise. Nach dem alten Hausbuch der Familie Cerruti.* München: BLV Buchverlag 1988

Bircher, Warda H. *The Date Palm: A Friend and Companion of Man.* Kairo: Modern Publishing House 1995

Blackburne-Maze, Peter und Self, Brian. *Fruit: An Illustrated History.* Richmond Hill: Firefly Books 2003

Boccaccio, Giovanni. *The Decameron.* New York: Norton 2014

Bonavia, Emanuel. *The Cultivated Oranges, Lemons etc. of India and Ceylon.* London: W. H. Allen & Co. 1888

Brosse, Jacques. *Mythologie des arbres.* Paris: Plon 1989

Brown, Pete. *The Apple Orchard. The Story of Our Most English Fruit.* London: Particular Books 2016

Brunner, Bernd. *Das Granatapfelbuch*. Berlin: Insel Verlag 2018

Camões, Luís Vaz de. *The Lusiads*. Oxford: Oxford University Press 2001

Candolle, Alphonse Pyrame de. *Origin of Cultivated Plants*. New York: D. Appleton & Co. 1883

Carroll-Spillecke, M. (Hg.). *Der Garten von der Antike bis zum Mittelalter*. Mainz: Verlag Philipp von Zabern 1992

Chevalier, Charles. *La Culture des Fruits*. Brüssel: J.-E. Goossens 1929

Clunas, Craig. *Fruitful Sites: Garden Culture in Ming Dinasty China*. London: Reaktion Books 1996

Columella, L. Junius Moderatus. *Husbandry in Twelve Books and his Book concerning Trees*. London: Printed for A. Millar 1745

Crèvecoeur, Hector St. John de. *Letters From an American Farmer and Sketches of Eighteenth-Century America. More Letters From an American Farmer*. New Haven: Yale University Press 1925

Daley, Jason. »How the Silk Road Created the Modern Apple«. *Smithsonian.com*, 21. August 2017

Dalley, Stephanie. »Ancient Mesopotamian Gardens and the Identification of the Hanging Gardens of Babylon Resolved«. *Garden History* Vol. 21, No. 1 (Sommer 1993)

Darwin Charles. *Über den Ursprung der Arten*. Stuttgart: Schweizerbart'sche Verlagshandlung 1876

David, Pierre, Mermet, Gilles, Willemin, Martine. *Der Küchengarten des Königs*. Köln: Dumont 2011

Davis, Nicola K. S. »Fruit foraging in primates may be key to large brain evolution«. *The Guardian*, 27.03 2017

Davy, John. *An account of the interior of Ceylon and of its inhabitants. With travels in that island*. London: Longman, Hurst, Rees, Orm, and Brown 1821.

Diamond, Jared. *Guns, Germs and Steel: The Fates of Human Societies*. New York: W.W. Norton 1999

Dickinson, Emily. *Sämtliche Gedichte*. Übersetzt, kommentiert und mit einem Nachwort versehen von Gunhild Kübler. München: Carl Hanser Verlag 2015 (Die hier enthaltene Übersetzung des Gedichts »Some keep the Sabbath going to Church« wurde leicht angepasst.)

Die Naturgeschichte des Cajus Plinius Secundus. Ins Deutsche übersetzt von Prof. Dr. G. C. Wittstein in München. Dritter Band: (XII.–XIX. Buch) Naturgeschichte der Pflanzen. Leipzig: Gressner & Schramm 1881

Fedorov, Nina. *Mendel in the Kitchen: A Scientist's View of Genetically Modified Foods*. Washington D. C.: Joseph Henry Press 2004

Fell, Derek. *Renoir's Garden*. London: Frances Lincoln 1991

Focke, Karen. *Der Garten in neusumerischer Zeit*. Münster: Ugarit-Verlag 2015

Gignoux, Emmanuel, Jacobsohn, Antoine et al. *l'ABCdaire des Fruits*. Paris: Flammarion 1997

Goethe, Johann Wolfgang von. *Italienische Reise*. Ditzingen: Reclam 2020

Goetz, Oswald. *Der Feigenbaum. In der religiösen Kunst des Abendlandes*. Berlin: Gebrüder Mann Verlag 1965

Gollner, Adam Leth. *The Fruit Hunters: A Story of Nature, Adventure, Commerce and Obsession*. London: Souvenir Press 2009

Granziera, Patrizia. »Concept of the Garden in Pre-Hispanic Mexico«. *Garden History* Vol. 29, No. 2 (Winter 2001)

Haeckel, Ernst. *Indische Reisebriefe*. Berlin: Gebrüder Paetel 1883

Harris, Stephen. *What have plants ever done for us? Western Civilization in Fifty Plants*. Oxford: Bodleian Library 2015

Harrison, Robert Pogue: *Gärten. Ein Versuch über das Wesen der Menschen*. Aus dem Amerikanischen von Martin Pfeiffer. München: Carl Hanser Verlag 2010

Hasselhorst, Christa. »Ein königliches Schlaraffenland. Der Potager du Roi von Versailles ist der größte Küchengarten der Welt«. *Frankfurter Allgemeine Sonntagszeitung*, 26.08 2018

Hauschild, Stephanie. *Der Zauber von Klostergärten*. München: Dort-Hagenhausen-Verlag 2014

Hauschild, Stephanie. *Akanthus und Zitronen. Die Welt der römischen Gärten*. Darmstadt: Philipp von Zabern 2017

Hegazy, Ahmad, Lovett-Doust, Jon. *Plant Ecology in the Middle East*. Oxford: Oxford University Press 2016

Hehn, Victor. *Kulturpflanzen und Haustiere in ihrem Übergang aus Asien nach Griechenland und Italien sowie in das übrige Europa*. Berlin: Gebrüder Bornträger Verlag 1870

Heilmeyer, Marina. *Äpfel fürs Volk: Potsdamer Pomologische Geschichten*. Potsdam: vacat verlag 2007

Heilmeyer, Marina. *Kirschen für den König: Potsdamer Pomologische Geschichten*. Potsdam: vacat verlag 2008

Hennig, Jean-Luc. *Dictionnaire érotique des fruits et légumes*. Paris: Éditions Albin Michel 1994

Hirschfelder, Hans Ulrich (Hg.). *Frische Feigen: Ein literarischer Früchtekorb*. Frankfurt am Main: Insel Verlag 2000

Hobhouse, Penelope. *Illustrierte Geschichte der Gartenpflanzen. Vom alten Ägypten bis heute*. Aus dem Englischen von Maria Gurlitt-Sartori und Christiane Bergfeld. Bern, München, Wien: Scherz Verlag, 1. Auflage 1999

Hochegger, Karin. *Farming like the Forest: Traditional Home Garden Systems in Sri Lanka*. Weikersheim: Margraf Verlag 1998

Horn, Walter, Born, Ernest. *The Plan of St. Gall: A Study of the Architecture and Economy of, and Life in a Paradigmatic Carolingian Monastery*. Berkeley, Los Angeles: University of California Press 1979

Hücking, Renate. *Die Beute der Pflanzenjäger. Von Europa bis ans südliche Ende der Welt*. München: Piper 2010

Janson, H. Frederic. *Pomona's Harvest: An Illustrated Chronicle of Antiquarian Fruit Literature*. Portland: Timber Press 1996

Jashemski, Wilhelmina F. *The Gardens of Pompeii. Herculaneum and the Villas Destroyed by Vesuvius*. New Rochelle, New York: Caratzas Brothers, Publishers 1979

Juniper, Barrie E., Mabberley, David J. *The Story of the Apple*. Portland: Timber Press 2006

Karsch, Anna Louisa. »Lob der schwarzen Kirschen«. In: *Auserlesene Gedichte*. Berlin: George Ludewig Winter, 1764

Kaube, Jürgen. *Die Anfänge von allem*. Berlin: Rowohlt Berlin 2017

Klein, Joanna. »Long Before Making Enigmatic Earthworks, People Reshaped Brazil's Rain Forest«. *The New York Times*, 10.02.2017

Koechlin, Florianne. *PflanzenPalaver. Belauschte Geheimnisse der botanischen Welt*. Basel: Lenos Verlag 2008

Koutsos, Athanasios et al. »Two apples a day lower serum cholesterol and improve cardiometabolic biomarkers in mildly hypercholesterolemic adults: a randomized, controlled, crossover trial«. *The American Journal of Clinical Nutrition*, Vol. 111/2, Februar 2020

Kreisverwaltung Neuwied (Hg.). *Wo Schafsnasen, Seidenhemdchen und Orchideen wachsen: Der Naturraum Streuobstwiese im Kreis Neuwied*. Koblenz: Görres Verlag 2004

Küster, Hansjörg. *Am Anfang war das Korn. Eine andere Geschichte der Menschheit*. München: C.H. Beck 2013

Larsson, Carl. *Bei uns auf dem Lande*. Langewiessche Nf. 2021.

Laszlo, Pierre. *Citrus: A History*. Chicago: University of Chicago Press 2007

Layne, Desmond R., Bassi, Daniele. *The Peach: Botany, Production and Uses*. Wallingford: CABI 2008

Lawton, Rebecca. »Midnight at the Oasis«. *Aeon*, 06.11.2015

Löffler, Karl. *Das Leben der Blume und der Frucht: Scenen aus dem Pflanzenreiche*. Berlin: Verlag von Hugo Kastner & Co. 1862

Lucke, Rupprecht, Silbereisen, Robert, Herzberger, Erwin. *Obstbäume in der Landschaft*. Stuttgart: Ulmer 1992

Lutz, Albert (Hg.). *Gärten der Welt: Orte der Sehnsucht und Inspiration*. Museum Rietberg Zürich. Köln: Wienand Verlag 2016

Mabey, Richard. *Das Varieté der Pflanzen: Botanik und Fantasie*. Berlin: Matthes & Seitz Berlin 2019

Martini, Silvio. *Geschichte der Pomologie in Europa*. Bern/Wädenswil: Stutz & Co. 1988

Masumoto, David Mas. *Epitaph for a Peach: Four Seasons on my Family Farm*. New York: HarperCollins 1996

Mayer-Tasch, Peter Cornelius, Mayerhofer, Bernd. *Hinter Mauern ein Paradies: Der mittelalterliche Garten*. Frankfurt am Main und Leipzig: Insel Verlag 1998

McGovern, Patrick E. *Ancient Vine. The Search for the Origins of Viniculture*. Princeton: Princeton University Press

McMorland Hunter, Jane, Kelly, Chris. *For the Love of an Orchard: Everybody's Guide to Growing & Cooking Orchard Fruit*. London: Pavilion 2010

McPhee, John. *Oranges*. New York: Farrar, Straus & Giroux 1967

Milton, John. *Das verlorene Paradies*. Episches Gedicht, aus dem Englischen von Karl Eitner. Leipzig: Bibliographisches Institut

Morgan, Joan. »Pears at their Peak«. *The Garden*, October 2016

Morier, James Justinian. *Reisen durch Persien in den Jahren 1808 bis 1816*. Berlin: Rütten & Loening 1985

Mudge, Ken, Janick, Jules, Scofield, Steven, Goldschmidt, Eliezer E. »A History of Grafting«. *Horticultural Reivews*, Vol. 35 (2009)

Müller, Wolfgang. *Die Indianer Amazoniens: Völker und Kulturen im Regenwald*. München: C. H. Beck 1995

Nabhan, Gary Paul. *Where Our Food Comes From: Retracing Nikolay Vavilov's Quest to End Famine*. Washington: Island Press 2009

Nasrallah, Nawal. *Dates: A Global History*. London: Reaktion Books 2011

Newman, Leonore. *Lost Feast: Culinary Extinction and the Future of Food*. Toronto: ECW Press 2019

Ondaatje, Michael. *Es liegt in der Familie*. Deutsch von Peter Torberg. München, Wien: Carl Hanser Verlag 1992

Palter, Robert, *The Duchess of Malfi's Apricots and Other Literary Fruits*. Columbia: The University of South Carolina Press 2002

Plinius, C. Caecilius Secundus. *Sämtliche Briefe lateinisch/deutsch.* Übersetzt und herausgegeben von Heribert Philips und Marion Giebel. Stuttgart: Reclam 1998

Pollan, Michael. *Die Botanik der Begierde.* Deutsch von Christiane Buchner und Martina Tichy. Berlin: Claassen Verlag 2002

Potter, Jennifer. *Strange Blooms: The Curious Lives and Adventures of the John Tradescants.* London: Atlantic Books 2008

Quellier, Florent. *Des fruits et des hommes: l'arbiculture fruitière en Île-de-France (vers 1600 – vers 1800).* Rennes: Presses Universitaires des Rennes 2003

Raphael, Sandra. *An Oak Spring Pomona. A Selection of the Rare Books on Fruit in the Oak Spring Garden Library.* Upperville, Virginia: Oak Spring Garden Library 1990

Rawcliffe, Carole. »›Delectable Sightes and Fragrant Smelles‹: Gardens and Health in Late Medieval and Modern England«. *Garden History* Vol. 36, No. 1 (2008), pp. 3–21

Reichholf, Josef H. *Warum die Menschen sesshaft wurden. Das größte Rätsel unserer Geschichte.* Frankfurt am Main: S. Fischer 2008

Roach, Frederick A. *Cultivated Fruits of Britain. Their Origin and History.* London: Blackwell 1985

Robertson, Forbes W. »A History of Apples in Scottish Orchards«. In: *Garden History*, Vol. 35, No. 1, pp. 37–50

Robinson, Eric. »John Clare: ›Searching for Blackberries‹«. *The Wordsworth Circle*, Vol. 38, No. 4 (Autumn 2007)

Rosenblum, Mort. *Olives: The Life and Lore of a Noble Fruit.* Bath: Absolute Press 2000

Roth, Philip. *Amerikanisches Idyll.* Aus dem Amerikanischen von Werner Schmitz. München, Wien: Carl Hanser Verlag 1998

Ruas, Marie-Pierre (Hg.). *Des fruits d'ici et d'ailleurs. Regards sur l'histoire de quelques fruits consommés en Europe.* Montreuil: Omniscience 2016

Rutkow, Eric. *American Canopy: Trees, Forests and the Making of a Nation.* New York: Scribner 2012

Sackville-West, Vita. *Passenger to Teheran.* London: Hogarth Press 1926

Sackville-West, Vita. *In Your Garden.* Frances Lincoln 2004

Sackville-West, Vita. *Meine Lieblingsblumen.* Übersetzt von Christel Dormagen. Berlin: Insel Verlag 2016

Schermaul, Erika. *Paradiesapfel und Pastorenbirne. Bilder und Geschichten von alten Obstsorten.* Ostfildern: Jan Thorbecke Verlag 2004

Schich, Winfried. *Wirtschaft und Kulturlandschaft. Gesammelte Beiträge 1977 bis 1999 zur Geschichte der Zisterzienser und der »Germania Slavica«.* Berlin: Berliner Wissenschafts-Verlag 2007

Schirarend, Carsten, Heilmeyer, Marina. *Die Goldenen Äpfel. Wissenswertes rund um die Zitrusfrüchte.* Förderkreis der naturwissenschaftlichen Museen Berlins e.V. Berlin: G + H Verlag 1996

Schöller, Rainer. *Wildes Obst.* Freiburg im Breisgau: Rombach Druck- und Verlagshaus 2010

Scott, James C. *Against the Grain: A Deep History of the Earliest States.* New Haven: Yale University Press 2017

Scott-James, Anne. *The Language of the Garden. A Personal Anthology.* New York: Viking 1984

Selborne, John. »Sweet Pilgrimage: Two British Apple Growers in the Tian Shan«. *Steppe: A Central Asian Panorama,* issue 9 (winter 2011)

Selin, Helaine (Hg.). *Encyclopedia of the History of Science, Technology, and Medecine in Non-Western Cultures.* Dordrecht: Springer Science + Business Media 1997 (entry by Georges Métailié: Ethnobotany in China, p. 314)

Silva, Maria Angélica da, Alcides, Melissa Mota. »Collecting and Framing the Wilderness: The Garden of Johan Maurits (1604–79) in North-East-Brazil«. *Garden History* 30:2, 2002

Sitwell, Osbert. *Sing High! Sing Low!: a Book of Essays.* London: Gerald Duckworth & Co. 1943

Smith, J. Russell. *Tree Crops: A Permanent Agriculture.* New York: Harcourt, Brance and Company 1929

Smith, Nigel. *Palms and People in the Amazon.* Cham: Springer 2014

Spengler III, Robert N. *Fruit from the Sands: The Silk Road Origins of the Fruits We Eat.* Berkeley: University of California Press 2017

Strabo, Walahfrid. *On the Cultivation of Gardens: A Ninth Century Gardening Book.* San Francisco: Ithuriel's Spear 2009

Strabo, Walahfrid. *De cultura hortorum. Über den Gartenbau, lateinisch/deutsch.* Übersetzt und herausgegeben von Otto Schönberger. Stuttgart: Reclam 2002

Sutton, David C. *Figs: A Global History*. London: Reaktion Books 2014

Sze, Mai-mai (Hg.). *The Mustard Seed Garden Manual of Painting*. Princeton: Princeton University Press 1978

Tacitus, Cornelius. *Agricola – Germania, lateinisch und deutsch*. Herausgegeben, übersetzt und erläutert von Alfons Städele. Düsseldorf, Zürich: Artemis & Winkler Verlag, Patmos Verlag GmbH & Co. KG 2001 (2., verbesserte Auflage)

Tausendundeine Nacht. Nach der ältesten arabischen Handschrift in der Ausgabe von Muhsin Mahdi erstmals ins Deutsche übertragen von Claudia Ott. München: Verlag C. H. Beck 2004

Thoreau, Henry David. »Wild Apples«. *The Atlantic,* November 1862

Thoreau, Henry David. *Wild Fruits*. New York: W. W. Norton 2000

Vergil. *Georgica. Vom Landbau. Lateinisch und deutsch*. Herausgegeben, übertragen, eingeleitet und erläutert von Heinrich Naumann. München: Goldmann 1970

Woldring, Henk, Cappers, René. »The Origin of the ›Wild Orchards‹ of Central Anatolia«. *Turkish Journal of Botany*, Vol. 25 (2001)

Woolf, Virginia. »Im Obstgarten«. Deutsch von Brigitte Walitzek. In: Dies.: *Das Mal an der Wand, Gesammelte Kurzprosa.* (*Gesammelte Werke, Prosa I,* hrsg. von Klaus Reichert) Deutsch von Marianne Frisch et al. Frankfurt/Main: S. Fischer Verlag 1989

Young, Damon. *Philosophy in the Garden*. Victoria: Melbourne University Press 2012

Zach, Erwin von. »Tu Fu's Gedichte (nach der Ausgabe Chan. Chin) (I Buch). *Monumenta Serica* Vol. 1, No. 2 (1935)

Zohary, Daniel, Hopf, Maria: *Domestication of Plants in the Old World. The Origin and Spread of Cultivated Plants in West Asia, Europe and the Nile Valley.* Oxford: Oxford University Press 2000

BILDNACHWEIS

Bildnachweis (jeweils Seitenzahl der Abbildung im Buch)

4 Vignette von J. Huyot. De Saint-Pierre, Jacques-Henri Bernardin. *Paul et Virginie.* Paris: Librairie Charles Tallandier, ca. 1890

6 Pieter Hermansz Verelst, 1653

9 Pierre-Joseph Redouté

14 *Tacuinum Sanitatis*

16 Lauckhard, Carl Friedrich, *Orbis Pictus: Bilderbuch zur Anschauung und Belehrung.* Leipzig: Verlag Voigt & Günther, 1857

17 *Tacuinum Sanitatis*

18 Twining, Elizabeth. *Illustrations of the Natural Order of Plants.* London: Sampson Low, Son, and Marston, 1868

20 Blackwell, Elizabeth. *A Curious Herbal.* London: Samuel Harding, 1737–1739

23 Islamic Republic News Agency IRNA

26 Köhler, Sigrid und Hanns Reich. *Die Kanarischen Inseln.* München: Hanns Reich Verlag, 1960

28 Archiv des Autors

30 Hemprich, F. G. und C. G. Ehrenberg. *Symbolae physicae, seu, icones et descriptiones corporum naturalium novorum aut minus cognitorum, Pars zoologica i (Avium).* n. p.: Berlin, 1828

32 Descourtilz, M. E. *Flore pittoresque et médicale des Antilles.* Paris: Pichard, 1821–1829

34 Oestergaard, Alfred (Hg.). *Welt und Wissen.* Berlin: Peter J. Oestergaard, 1931

36 Vignette von J. Huyot. In: de Saint-Pierre, Jacques-Henri Bernardin. *Paul et Virginie.* Paris: Librairie Charles Tallandier, ca. 1890

37 de Monet de Lamarck, J. B. P. A. und J. L. M. Poiret. *Recueil de planches de botanique de l'encyclopédie.* Paris: Mme. Veuve Agasse, 1823

38 Foto von D. Johannes, Deutsches Archäologisches Institut

40 Reproduktion von Nina de Garis Davies, British Museum

47 Archiv des Autors

BILDNACHWEIS

48/49 Jerzy Strzelecki, Wikimedia Commons, CC BY-SA 3.0.
50 Oleg Breslavtsev / Alamy Stock Photo
56 Henry Herbert La Thangue, 1893. Wikimedia Commons
58 (oben) Foto von Ryan T. Bell
(unten) Foto von Kalpak Travel
61 Carl Larsson. Wikimedia Commons
62 Langley, Batty. *Pomona, or, The fruit-garden illustrated.* London: G. Strahan, 1729
68 Muthmann, Friedrich. *Der Granatapfel: Symbol des Lebens der Alten Welt.* Bern: Office du livre, 1982
71 Wellcome Library no. 9139i, CC BY-4.0.
72 Museo delle Terme, Rom/Scala
75 Archiv des Autors
77 Knoop, Johann Hermann. *Fructologia.* Leeuwarden: Abraham Ferwerda, 1758–1763
79 Foto von Markéta Machová, CC BY-3.0, Wikimedia Commons
80 Wikimedia Commons
85 Stich von Crispin de Passe dem Älteren
86 Wikimedia Commons
88 Hermitage Museum. Wikimedia Commons, CC0 1.0.
91 Postkarte aus dem Archiv des Autors
94 Postkarte aus dem Archiv des Autors
97 *Tacuinum Sanitatis*
98 *Rosenroman*
102 Nationalmuseum, Norwegen. Wikimedia Commons
107 Jacques Le Moyne de Morgues
109 *Vignetten.* Frankfurt am Main: Bauersche Giesserei, ca. 1900
112 van Houtte, Louis und Charles Lemaire. *Flore des Serres et des Jardins de l'Europe.* Ghent, 1874
116 Bivort, Alexandre (Hg.). *Annales de pomologie belge et étrangère.* Brüssel: F. Parent, 1853
119, 121, 122 de La Quintinie, Jean. *The Complete Gard'ner.* London: M. Gillyflower, 1695
125 *Vignetten.* Frankfurt am Main: Bauersche Giesserei, ca. 1900
126 Foto von Jane Billinghurst
129 de Crescenzi, Piero. *Des profits ruraux des champs.* 1475
130/131 Yale Center for British Art, Paul Mellon collection

133, 134 Knoop, Johann Hermann. *Pomologia, das ist Beschreibungen und Abbildungen der besten Sorten der Aepfel und Birnen*. Nürnberg: Seligmann, 1760

135 Hill, Thomas Hill. The Gardener's Labyrinth. London: Henry Bynneman, 1577

136 Foto von A. J. van der Wal, Rijksdienst voor het Cultureel Erfgoed. Wikimedia Commons, CC BY-SA 4.0.

137 Postkarte aus dem Archiv des Autors

138 Artiz / Alamy Stock Photo

140 Beyer, Leopold. *Romantische Reise durch das alte Deutschland: Topographikon*. Hamburg: Verlag Rolf Müller, 1969

143 Musée Thomas Henry, Cherbourg, France. Wikimedia Commons.

145 Lithographie von R. Mahn, 1899

146 Lithographie von Ludwig Richter

148 Walters Art Museum, 37.992. Wikimedia Commons, CC BY-SA 3.0.

151 Aarhus Kunstmuseum no. 152. Wikimedia Commons

152 Archiv des Autors

155 *Meyers Konversations-Lexikon*. Leipzig und Wien: Bibliographisches Institut, 1896

156 Knoop, Johann Hermann. *Pomologia*. Nürnberg: Seligmann, 1760

157 zu Gellhausen, Ulrich Völler. *Florilegium*. Frankfurt am Main: Moritz Weixner, 1616

158 Lithographie von Ludwig Richter

161 Aus der Zeitschrift *Resimli Mecmua*. Istanbul: Druckerei Mahmut Bey, ca. 1925

162 Frédéric Hugo d'Alési

165 Ulisse Aldrovandi

166 *Allgemeines Teutsches Garten Magazin*, 1816

170 Aus der Zehn-Bambus-Halle-Sammlung

172 Illustration von Arturo Ballestero für Zumos Jornet, Carcagente, Spanien, 1929

174 Volkamer, Johann Christoph. *Nürnbergische Hesperiden*. Nürnberg: Johann Andreä Endters seel. Sohn & Erben, 1708–1714

177 www.goethezeitportal.de

180 Pictorial Press Ltd / Alamy Stock Photo

186 Lithographie von Currier und Ives, 1868/1869

188 Foto von Lee Russell, 1940. Library of Congress, LC-USF33- 012890-m2.

191 Gilbert Orchards

BILDNACHWEIS

195, 197 Postkarten, Archiv des Autors

198 Wagner, Hermann. *Naturgemälde der ganzen Welt.* Esslingen: Verlag von J. F. Schreiber, 1869

205 *Meyers Konversations-Lexikon.* Leipzig und Wien: Bibliographisches Institut, 1896

208 Foto von Sarath Ekanayake

211 Thevet, André. *Les singularitez de la France antarctique.* Paris: Chez les héritiers de Maurice de la Porte, 1558

214 Watercolor Collection des U. S. Department of Agriculture Pomological. Rare and Special Collections, National Agricultural Library, Beltsville, MD

216 Walther, Eduard. *Bilder zum ersten Anschauungsunterricht für die Jugend.* Esslingen bei Stuttgart: Verlag von J. F. Schreiber, um 1890

219 Brookshaw, George. *Pomona Britannica.* London: Longman, Hurst, 1812

221, 222, 225 TUM.Archiv, Technische Universität München

226 Lady Lever Art Gallery. Wikimedia Commons

229 Scottish National Gallery. Wikimedia Commons

231 Museum of Modern Art, New York (oben: f712, unten: f655). Wikimedia Commons

232 Wikimedia Commons

237 Foto von Louis Lumière, Archiv des Autors

238 Wikimedia Commons

241 Terra Foundation for American Art, Daniel J. Terra Collection. Wikimedia Commons

242 The Dallas Museum of Art. Wikimedia Commons

244 Postkarte aus dem Archiv des Autors

247 Maureen Malone, www.frogtopia.com.au

251 Foto des Autors

254 Kent Downs Area of Outstanding Natural Beauty, www.kentdowns.org.uk

256 Foto von Josef Holzer

258 Lithographie von Ludwig Richter

259 Vignette von J. Huyot. De Saint-Pierre, Jacques-Henri Bernardin. *Paul et Virginie.* Paris: Librairie Charles Tallandier, ca. 1890

260 Foto von Jochen Moll. Otto, Herbert und Konrad Schmidt, *Stundenholz und Minarett.* Berlin: Verlag Volk und Welt, 1960

265 Christian Ziegler, https://christianziegler.photography

267/268 *Vignetten.* Frankfurt am Main: Bauersche Giesserei, ca. 1900

270 *Nouveau Larousse Illustré.* Paris: Librairie Larousse, 1933

BILDNACHWEIS

278 Thevet, André. *Les singularitez de la France antarctique*. Paris: Chez les héritiers de Maurice de la Porte, 1558

284 Nell, Peter. *Das Paradies: Ein Märchen*. Berlin: Alfred Holz Verlag, 1955

286/287 »Zwischen Orangenbäumen«, Joaquín Sorolla (1903). Digitalarchiv von Blanca Pons-Sorolla (Original im Museo Nacional de Bellas Artes, Havanna, Kuba)

© José João Carvalho

Bernd Brunner, 1964 geboren, studierte Wirtschaft, Amerikanistik und Kulturwissenschaft in Berlin und Seattle. Er veröffentlichte zahlreiche vielbeachtete wie unterhaltsame erzählerische Sachbücher zu kulturhistorischen Themen, darunter *Das Buch der Nacht*, *Die Erfindung des Nordens* oder *Die Kunst des Liegens*. Er lebt als Autor in Berlin und Istanbul.

Titel der Originalausgabe: Taming Fruit: How Orchards Have Transformed the Land, Offered Sanctuary, and Inspired Creativity
Erschienen bei Greystone Books Ltd., 343 Railway Street, Suite 302, Vancouver, B.C. V6A 1A4, Canada

FSC
www.fsc.org
MIX
Papier aus verantwortungsvollen Quellen
FSC® C002795

Deutsche Erstausgabe

Ein Unternehmen der Média-Participations

Projektleitung: Hans Peter Buohler, Knesebeck Verlag
Übersetzung englischsprachiger Zitate: Tobias Rothenbücher, Bonn
Lektorat: Dr. Angelika Künne, Großrudestedt
Umschlaggestaltung: Favoritbüro, München
Umschlagabbildungen: Nouveau Larousse Illustré (1933), Librairie Larousse, Angelina Bambina/shutterstock.com (Rückenmuster)
Satz: Buchwerkstatt GmbH, Bad Aibling
Herstellung: Arnold & Domnick, Leipzig
Druck: Livonia Print, Riga
Printed in Latvia

ISBN 978-3-95728-566-9

www.knesebeck-verlag.de